くらべてわかる

カエル

松橋利光

山と溪谷社

ヤマアカガエルの卵塊

アズマヒキガエル

トウキョウダルマガエル

アズマヒキガエル

シュレーゲルアオガエル

タゴガエル

ニホンアマガエル

タゴガエル

目 次

成体

オタマジャクシ

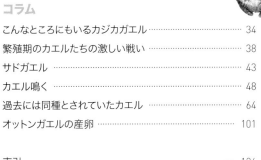

卵

カエルの生態図鑑

コラム

本書の使い方

カエルは一生の中で卵、オタマジャクシ、成体と姿形を大きく変化させるため、一つの種であってもさまざまな姿を見ることができます。本書は、似たもの同士や似た環境で見つけられるカエルたちをくらべることで、見つけたカエルの種類を調べたり、違いを楽しんだりすることができる図鑑です。

●カテゴリ
成体、オタマジャクシ、卵をカテゴリ別に紹介しています。詳細はp.9。

●見出し
そのページで掲載しているカエルの主題を見出しにしました。見つけたカエルがわからない時の参考になるような主題にしています。

●リード
そのページで掲載しているカエルの概要を説明しています。

●和名・分類
標準的な和名や分類を使用しています。

●見られる時期
そのカエルがよく見られる時期を示しました。カエル・オタマジャクシ・卵の時期は、少しずつ違っているのも注目です。

●分布
日本列島を北海道、本州、四国、九州、奄美諸島、沖縄諸島、先島諸島の7つに分け、大まかに記しています。一部の分布が限られたカエルはその場所を示しています。

●大きさ
成体のみ、おおまかな大きさを記しました。

●解説
特徴を一言で解説しました。

●詳細ページ
そのカエルの別のステージの姿や、解説が掲載されているページを示しています。

●原寸大
原寸大の写真にはこのマークをつけています。

成体

緑色のカエル
アオガエルと
アマガエルの仲間

緑のカエルは3種類
本州〜九州にかけて、緑色のカエルは3種類。特に田んぼによくいるアマガエルとシュレーゲルアオガエル、同じアオガエルの仲間のシュレーゲルアオガエルとモリアオガエルが間違えやすいが、どの種もよく観察すると、違いがあることがわかる。

ニホンアマガエル
アマガエル科アマガエル属

2〜4cm
4-11月
北海道・本州・四国・九州
水田の代表的なカエル。
▶オタマジャクシp.72
▶卵p.97
▶図鑑p.109

原寸大

目と目の間は離れている

体色はさまざまに変化する

シュレーゲルアオガエル
アオガエル科アオガエル属

3〜5cm
4-10月
本州・四国・九州
アマガエルと間違えられることの多いカエル。
▶オタマジャクシp.73
▶卵p.88
▶図鑑p.120

黄色の斑点が入ることがある

目はあまり出っ張っていない

原寸大

モリアオガエル
アオガエル科アオガエル属

4〜8cm
4-10月　本州
平地から森林まで生息する樹上性のカエル。
▶オタマジャクシp.73
▶卵p.88
▶図鑑p.121

目は出っ張っている

体はメスの方が大きい

原寸大

茶〜黒のまだら模様が入ることがあり、繁殖期のオスは黒ずむものも

原寸大

24

●写真
カエルの特徴がわかりやすく示すため、切り抜きの写真を掲載しています。切り抜き写真は、野外に設営した簡易スタジオ、もしくは水槽で撮影しました。採集禁止のカエルについては、管轄組織の指導に基づき撮影しました。

●引き出し解説
その種の特徴のポイントや、他の種との違いを示します。

●カテゴリ・部位解説

本書では、本州〜九州で見られるカエルたちを中心に成体、オタマジャクシ、卵を写真でくらべることで、それぞれの種の特徴や形がわかる図鑑として構成しました。本土のカエルを中心にしていますが、離島や南西諸島にいるすべての種も図鑑内には登場しています。巻末にある生態図鑑では、日本で見られるカエル全種の生態を詳しく解説しています。

成体 P.21~66

オタマジャクシの時期が終わり、変態が完了した状態。本書では、体の色と一部はグループで見出しを分けました。

【部位解説】

●**鼓膜**
目の後ろにあります。種によってはない種もいます

●**前足(前肢)**
指は4本

●**婚姻瘤**
繁殖時期のオスの第1指（親指）のみにみられます

●**後ろ足(後肢)**
指は5本

オタマジャクシ P.67~84

正式には幼生と呼ばれるステージで、卵の胚発生の終了〜変態が完了する時期までの状態。本書では見つけた場所と季節で見出しを分けました。

【部位解説】

●**尾**
泳ぐのに使います。変態に伴って体に吸収されてなくなります

●**後ろ足**
成長が進むと形成されます。前足より先に現れます

●**前足**
成長が進むと形成されます

●**エラ**
オタマジャクシの時期にだけあります

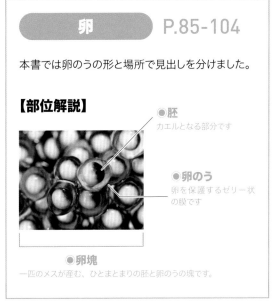

卵 P.85-104

本書では卵のうの形と場所で見出しを分けました。

【部位解説】

●**胚**
カエルとなる部分です

●**卵のう**
卵を保護するゼリー状の膜です

●**卵塊**
一匹のメスが産む、ひとまとまりの胚と卵のうの塊です。

生態解説

P.105~125

より詳しくカエルの生態や分布、分類などについて調べられるよう、離島や南西諸島、外来種を含む日本のカエル全54種の生態解説を掲載しました。一部、イモリやサンショウウオなどの有尾類も紹介しています。

はじめに

カエルが気になる

　日本のカエルの多くが、お米を作るために整備された田んぼと、人の生活が営まれる場が重なる里という環境をおもな生活の場に選びました。日本人の食文化と密接な関係にある田んぼに暮らすカエルたちは、古くから身近な存在として親しまれ、さまざまなカエルやその鳴き声が多くの詩歌にも読まれています。

　自然とは縁遠い暮らしを送る都会の人々が、田園風景をなつかしいと感じるのと同じように、さまざまなキャラクターとしてもこの国に浸透しているカエルは、かつて農耕民族であった日本人の遺伝子に組み込まれているのではないかと思うくらい、どこかなつかしく無視できない、「気になる」存在なのです。

カエルの住む環境が気になる

　田んぼは、水場と陸地の両方がバランスよく接する、カエルたちにぴったりの生活の場所です。日本の稲作文化がカエルたちを育んできたと言っても過言ではないでしょう。

　しかし近年では田んぼの用水路やあぜ道が整備されコンクリートになってしまったり、都市部では田んぼそのものが減ってしまっていたりと、カエルたちの生活の場が狭まってきているのは事実です。でもカエルはとても柔軟で強い生物です。護岸され、田んぼとあぜの境目にちょうどいい土の斜面がなくなっても、コンクリートと田んぼの間にできたわずかに湿気た土を活用し、稲の品種改良で田んぼに水が張られる時期が遅くなれば、それに合わせて繁殖期を遅くします。山沿いに小川が流れている……かつてカエルたちが暮らしていたそのような場所に人が住み始め、田んぼが作られた時も、こうして環境に柔軟に対応し、生き抜いてきたのだと想像できますね。

田んぼに作られたコンクリートの上にいるトウキョウダルマガエル

カエルの鳴き声が気になる

　繁殖期にオスがメスに自分の居場所をアピールする鳴き声を、メイティングコールといいます。あごの下や両頬などにある鳴のうをふくらまし、振動させることで音を響かせるので、小さな体から発しているとは思えないほどの大きな鳴き声が遠くまで響き渡ります。

　2月にはアカガエル、3月にはヒキガエル、5月はアマガエルといった具合に、鳴く時期は種類によっても異なります。繁殖期が来るごとにいろいろなカエルが鳴き始めるので、季節を感じさせてくれるものとして、古くから多くの詩歌に読みこまれてきたのも頷けますね。四季の変化がある日本にとって、カエルは文化的にもかかせない存在といえるのではないでしょうか？

鳴のうをふくらませて鳴くニホンアマガエル

カエルが嫌いで気になる

　カエルは水辺などの地面にいて、発見する場合は必ずななめ上から見下ろす形になります。そして多くの場合はよく観察する前に跳んで逃げてしまうので、カエルをそれほど知らない、もしくは興味の無い人にとって、カエルは湿ったところに住んでいて、ぬるぬるしてるし、どこに跳ぶかわからない……というちょっと怖い嫌いな存在になってしまったのかもしれません。でもその姿を正面からよく見てみると、大きな口とひょっこり出っ張っている目で、笑っているような可愛い顔をしています。

　実際、その可愛い姿形から、カエルはさまざまなキャラクターとして人気で、そのほとんどがくりくりお目目で「かわいいカエルさん」です。

　日本ほどカエルを身近に感じ、かわいい存在としてキャラクター化されている国はないと思うのですが、生体は苦手な人が多いのも事実なのです。

トノサマガエル

ハロウエルアマガエル

カエルを探す ①田んぼ

最も身近にカエルと出会える場所

早春、まだ水が入っていない田んぼにはアカガエルが産卵にやってくる。季節が進み春になると、シュレーゲルアオガエル、ニホンアマガエルが鳴き始め、田んぼに水が入るくらいになるとトノサマガエルの仲間たちやヌマガエルの鳴き声も聞こえてくるようになる。

夏の田んぼ

田んぼの畦道では、トウキョウダルマガエル・シュレーゲルアオガエル・ヌマガエルなどが鳴いている。近づくとすぐに水に飛び込んでしまう

早春の田んぼ

山沿いの田んぼの水路にはツチガエルが見られる

ニホンアカガエルの卵塊。雨の後、水が
深いところを選んで産卵する

田んぼの近くに茂った草むらは
ニホンアマガエルが好む

カエルを探す
②河川

春から初夏にかけて、上流から中流域ではカジカガエルの美しい鳴き声が聞こえる。カジカガエルは昼夜を問わず岩の上などで見られるが、ツチガエルは中流域の河岸など水際に多く、すぐ隠れるので少し見つけにくい。

上流域

カジカガエルのオスが岩の上で
鳴いている

近づくと川に飛び込み
岩の隙間に隠れる

中流域

流れがゆるやかな河岸などはツチガエル
が好み、卵は草の根などに産む

カエルを探す
③山間部

繁殖期以外では狙って見つけるのが難しい

早春、山間部の源流などでは、ナガレタゴガエルが集まって産卵を始め、次にヤマアカガエルやヒキガエルが水たまりなどの止水で産卵を始める。初夏では、池などの上にある植物にモリアオガエルの卵塊が見つかることがある。ただ、どの種も繁殖期以外に狙って見つけるのは難しい。

湧水や水たまり

ヒキガエルのカエル合戦が行われ、卵塊やオタマジャクシが見つかりやすい

池・沼

モリアオガエルの卵塊は高い木の上だけではなくより水に近い倒木や人工物などを選ぶことも多い

ガレ場

斜面の落ち葉にタゴガエル、
ヒキガエル、ヤマアカガエルなど

早春、水が滲み出たところの岩の隙間から
タゴガエルの鳴き声が聞こえる

冬の源流

淵やよどみなどでナガレタゴガエルの卵塊が見つかる

カエルの捕まえ方

❶近づき方

　　カエルを見つけたら、まずはカエルになるべく気づかれないようにゆっくりゆっくり近づきます。しかし、全く気づかれないで近づくのはおそらく無理なので、カエルに気づかれたことに少しでも早くこちらが気づくことが重要です。カエルは動くものに反応する目を持っているので、カエルに気づかれた場合はすぐに動きを止め、少しの間、動かずに待ちます。その時、カエルを凝視したりしてはいけません。カエルが視界に入る程度のどこか（近くの草など）を見ます。そしてカエルの気がそれて、こちらに注目していないなと感じたらまたゆっくり近づきます。その際、「カエルに近づくぞ！」という殺気を放たないように心がけます。目線もカエルを見つめず、そっぽを向いているふりをしましょう。物音にも敏感なので、とにかくできる限り静かに。そして上から覆うような影にも敏感なので、自分の陰がカエルに被らないように気を配り、なるべく低い姿勢を心がけます。

近づくときは静かにゆっくり、心は無を意識する

❷捕まえ方

カエルに手が届く距離まで近づくことができたら、素早くカエルの前方から手を振り下ろし、カエルの行く手を阻むようなイメージで捕まえます。掴む前に驚かれてジャンプされても、カエルの導線を意識したななめ上ぐらいの方向から手を出せていれば、カエルは手にぶつかってくるので、そのまま両手で包み込むように抑え込みます。カエルの跳ぶ先をうまくイメージして、動きに合わせて瞬時に反応できるようになると捕まえられる確率が上がります。

カエルの動きをイメージしながら、前方から手を近づける

【オタマジャクシの捕まえ方】

① オタマジャクシがたくさんいるところを選ぶ

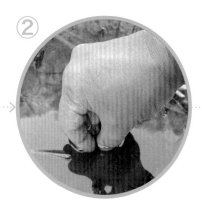

② 垂直に手を下ろす

④ 弱る前に優しく水に入れてあげよう

③ 水がきれるようにそっと手を持ち上げる

※特定外来種、種の保存法および天然記念物に指定されている種（P.106）は、許可なく捕獲したり飼育したりすることは禁止されています。

❸持ち方

　片手で捕まえようとすると、カエルの体はヌルヌルしているので、逃すまいとつい
ぎゅっと力が入り過ぎてしまうので、片手で後肢の付け根あたりを掴み、もう片方
の手で逃げないように鼻先の行く手をふさぐ感じで優しく包むように心がけます。

アマガエルの持ち方

トウキョウダルマガエルの持ち方

ヒキガエルの持ち方

❹失敗してしまったら

　個体によって警戒心の強いものや鈍感なも
のがいるので、失敗したら無理にその個体を追
いかけず、別の個体を選んでチャレンジします。
何度か試みれば鈍感な個体に出会うはずです。
網を使って捕まえる方法もありますが、網だと
中に入っても手元に寄せる時や捕まえる時に逃
げられる確率が高かったり、網でカエルの皮膚
が擦れてしまったりするので、手で捕まえるの
が理想です。どうしても手では捕まえられない
時に、網を使います。網を使う場合は、カエ
ルの前に網を構えて後ろから足で追い出すよう
にすると網に飛び込みますよ。

ヒキガエルの仲間は手でも捕まえやすい

水の中や水辺にいるカエルは、網を使わないと難しい

成　体

泳いだり、跳ねたり、鳴いたり、エサを食べたり、繁殖をしたり……
カエルの最も成長したステージで、
大体カエルというとこの成体のことを指します。
ここでは、色や同じ仲間など、見た目が似たカエル同士でくらべました。

カエルの成体

カエルは「両生類」。陸で暮らしつつも水に大きく依存しています。世界的には砂漠地帯など、カエルにとってはとても過酷に思える場所に暮らす種類も多く存在しますが、水が豊富な日本では、どのカエルも田んぼや池・川などの「水辺」からあまり離れずに暮らしています。

田んぼで鳴くシュレーゲルアオガエル

◉体の違い

水辺に暮らすカエルは水を蹴って泳ぐため後脚の水かきが発達していますが、樹上生のモリアオガエルは四肢全ての水かきが発達しています。地上を歩くことがおもなヒキガエルは、ほとんど水かきがありません。

また水辺に暮らすカエルの多くは、危険を察知すると大きくジャンプして水中に逃げ込み、しばらくすると、もう危険は去ったかなと水面から目だけを出し、周囲を探ります。その時ぴょこんと出っ張った目が役に立ちます。水辺から離れて暮らすことも多いヒキガエルなどは、水辺のカエルよりも目の出っ張りが少しひかえめに感じます。

後ろ足の水かきが発達している
トノサマガエル

四肢の水かきが発達しているモリアオガエル

目の出っ張りと水かきの大きさがひかえめな
ニホンヒキガエル

●食べる

カエルの前向きについた目は動くものに敏感で、エサらしき動きを察知すると真正面から大きな口を開いて飛びつき、それほど長くないけどペタっとものをくっつけることができる便利な舌で対象物をくっつけて、とりあえず口に運び食べてみます。それが食べられるもので、口に入る大きさであれば丸のみにします。動いただけでエサとなるものではなかったら、べっと吐き出します。

ミミズを捕食したナミエガエル

バッタを捕食するトウキョウダルマガエル

●オスとメスの違い

雌雄の見分け方としては、オスよりもメスの方が大きく丸みを帯びているものが多いように感じますが、外見だけで雌雄を見分けるのは難しく、確かなちがいを明記するのは困難です。ただ、繁殖期には少し判断材料が増えます。オスは鳴袋のある両頬のあたりがたるんで見えたり、あごの下が少しふくらんでいたりいることが多く、メスはお腹がでっぷりしています。オスの前足の指には婚姻瘤が発達しています。

婚姻瘤

繁殖期のトノサマガエルのオス。
前足に婚姻瘤が見える

繁殖期のトノサマガエルのメス。お腹がオスにくらべて、でっぷりと丸い

シュレーレルアオガエル（上・オス、下・メス）の抱接。
アオガエルの仲間は、メスの方が大きいことが多い

鳴のうのある、あごの下がたるんでいるニホンアマガエルのオス

カエルの体や行動について書きましたが、ここから容姿的特徴だけを抽出し、絵を描いてみましょう。きっと漫画のキャラクターのようなカエルが描けると思いますよ。

ヌマガエル

23

緑色のカエル
アオガエルと
アマガエルの仲間

緑のカエルは3種類

本州～九州にかけて、緑色のカエルは3種類。特に田んぼによくいるアマガエルとシュレーゲルアオガエル、同じアオガエルの仲間のシュレーゲルアオガエルとモリアオガエルが間違えやすいが、どの種もよく観察すると、違いがあることがわかる。

ニホンアマガエル

アマガエル科アマガエル属

2～4cm
4~11月
北海道・本州・四国・九州
水田の代表的なカエル。
▶オタマジャクシp.72
▶卵p.97
▶図鑑p.109

目と目の間は離れている

原寸大

体色はさまざまに変化する

シュレーゲルアオガエル

アオガエル科アオガエル属

3～5cm
4~10月
本州・四国・九州
アマガエルと間違えられることの多いカエル。
▶オタマジャクシp.73
▶卵p.88
▶図鑑p.120

黄色の斑点が入ることがある

目はあまり出っ張っていない

原寸大

モリアオガエル

アオガエル科アオガエル属

4～8cm
4~10月　本州
平地から森林まで生息する樹上性のカエル。
▶オタマジャクシp.73
▶卵p.88
▶図鑑p.121

目は出っ張っている

体はメスの方が大きい

茶～黒のまだら模様が入ることがあり、繁殖期のオスは黒ずむものも

原寸大

原寸大

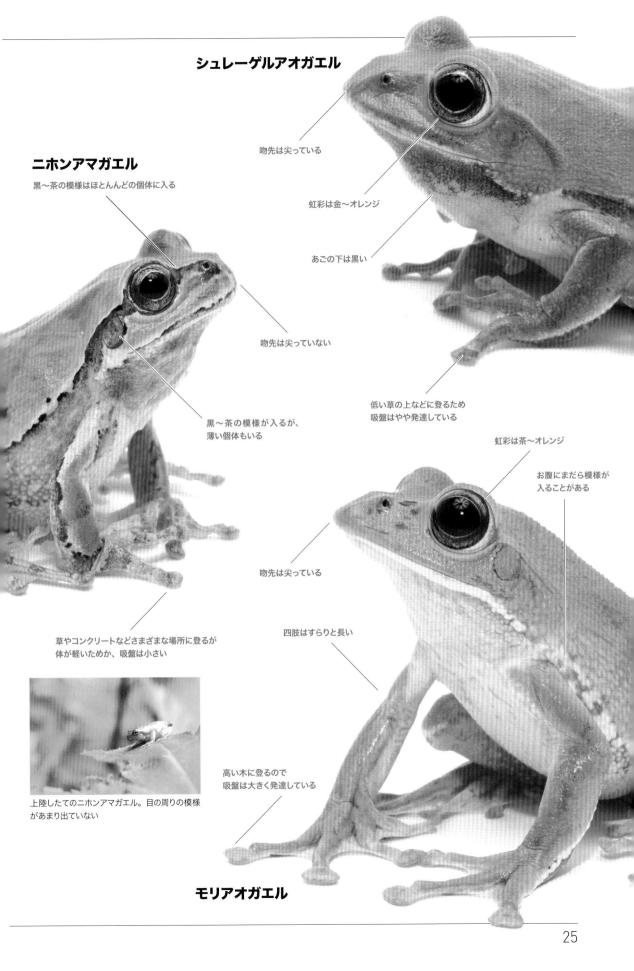

シュレーゲルアオガエル

吻先は尖っている

虹彩は金～オレンジ

あごの下は黒い

吻先は尖っていない

低い草の上などに登るため
吸盤はやや発達している

ニホンアマガエル

黒～茶の模様はほとんんどの個体に入る

黒～茶の模様が入るが、
薄い個体もいる

草やコンクリートなどさまざまな場所に登るが
体が軽いためか、吸盤は小さい

上陸したてのニホンアマガエル。目の周りの模様
があまり出ていない

虹彩は茶～オレンジ

お腹にまだら模様が
入ることがある

吻先は尖っている

四肢はすらりと長い

高い木に登るので
吸盤は大きく発達している

モリアオガエル

水色のカエル

先天的に緑色のカエルの黄色色素が欠乏すると、水色のカエルとなる。トノサマガエルの仲間や、南西諸島に生息するイシカワガエル、ハナサキガエルの仲間などでも水色の個体は見つかっている。いずれにしても、見つけることができればラッキー。

ニホンアマガエル

モリアオガエル

シュレーゲルアオガエル

モリアオガエルの模様

モリアオガエルには茶色の斑紋が入ることがある。過去には、静岡近辺のモリアオガエルに斑紋が入ったものが多く、関東のモリアオガエルでは模様が入らないと言われていたが、現在は交雑が進んだためか、関東でも斑紋の入ったモリアオガエルが普通に見られるようになった。

成体

変化するアマガエル

ニホンアマガエルは、周囲の環境に合わせ、緑色から灰色や茶色などさまざまに体色を変化させることができる。このようなときには、背中に雲形の模様が入る。南西諸島に生息する同じ仲間のハロウエルアマガエルは、ここまで変化することはない。

ニホンアマガエル

カジカガエル
アオガエルの仲間

美しい鳴き声の渓流のカエル

カジカガエルはおもに渓流近くで見られるカエル。吻先が尖っている点や、すらりと長い四肢、樹上性ではないが石に張り付くことが多いためか吸盤がやや発達している点など、アオガエルとしての特徴があることがわかる。

カジカガエル

アオガエル科カジカガエル属

4〜8cm
4〜8月　本州・四国・九州
オスは川の石の上などになわばりを
作り、メスを待つ。
▶オタマジャクシp.74
▶卵p.99
▶図鑑p.121

目は少し出ている

原寸大

体はスリムで扁平

四肢は長い

原寸大

吻先は尖っている

くらべる　ツチガエル

ツチガエルは、カジカガエルと同じ中流域にいることも多い。ただ、カジカガエルのように流れの強いところにいることはなく、川岸などの流れなゆるやかなところにいる。

吸盤はやや発達している

こんなところにもいるカジカガエル

渓流にいるイメージの強いカジカガエルだが、河川の近辺でも見かけることはある。しかし、派手な特徴がないためか、渓流以外でカジカガエルを見つけると何のカエルか迷うことがある……かもしれない。

林道の壁にいるメス。体が扁平なのがよくわかる

地面にいるメス

自動販売機にいるオス

茶色のカエル①
ヒキガエルの仲間

地面を歩くカエル

ヒキガエルの仲間は、四肢ががっしりしており、吸盤や後ろ足の水かきは発達していない。しかし、渓流にすむナガレヒキガエルは例外で、後ろ足の水かきが発達している。ナガレヒキガエル以外の2種は移入や交雑が進み、この限りでないことも多いが、ここでは一般的な違いを紹介する。

ナガレヒキガエル

ヒキガエル科ヒキガエル属

7〜17cm
4~9月　本州
世界でも珍しい渓流にすむヒキガエル。
▶オタマジャクシp.75
▶卵p.89
▶図鑑p.108

鼓膜は小さく、不明瞭

原寸大

水かきはやや発達している

鼓膜は大きく、目に近いように見える

アズマヒキガエル

ヒキガエル科ヒキガエル属

4~16cm

2~10月　北海道・本州

都市などでも見られる身近なカエル。

▶オタマジャクシp.75

▶卵p.89

▶図鑑p.108

原寸大

水かきはあまり発達していない

ニホンヒキガエル

ヒキガエル科ヒキガエル属

8~18cm

2~10月　本州・四国・九州

比較的アズマヒキガエルより大型になることが多い。

▶オタマジャクシp.75

▶卵p.89

▶図鑑p.108

鼓膜はやや小さく、目から離れているように見える

原寸大

水かきはあまり発達していない

ナガレヒキガエル

体にくらべて顔が小さめ

後ろ足が長い

アズマヒキガエル

頭は体とくらべて大きめ

後ろ足は短め

ニホンヒキガエル

頭は体とくらべて大きめ

後ろ足は短め

ヒキガエルの仲間の分布

本州では、おおよそ東にアズマヒキガエル、西にニホンヒキガエルの分布であったが、近年、移入や交雑が進んだ地域では、この2種を見た目だけで判断するのは難しくなった。ナガレヒキガエルは近畿周辺の一部の山間部に生息する。

アズマヒキガエルの幼体

■ **アズマヒキガエル**
（近畿以東の本州、中国地方の一部。北海道は移入）

■ **ニホンヒキガエル**
（近畿以西、四国、九州）

■ **アズマヒキガエル＋ニホンヒキガエル**
（近畿近辺、東京、宮城など）

□ **ナガレヒキガエル**
（北陸、近畿などの一部）

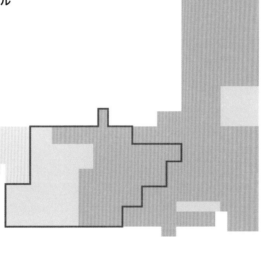

ナガレヒキガエル

ニホンヒキガエル

アズマヒキガエル

茶色のカエル②
アカガエルの仲間

間違えやすいけど違いが、はっきりしているカエル

ニホンアカガエルとヤマアカガエルは、見た目が似ている上、どちらも早春から繁殖活動を始めるなど生態も似ており、間違いやすい。しかし、くらべてみると体つきや顔つきが違うのがわかる。

ニホンアカガエル

アカガエル科アカガエル属

3〜7cm
2〜10月　本州・四国・九州
平野の草地や田んぼでよく見られる。
▶オタマジャクシp.76
▶卵p.94
▶図鑑p.112

原寸大

吻先は尖る

顔の幅がせまい

原寸大

ヤマアカガエル

アカガエル科アカガエル属

3〜8cm
1〜10月　本州・四国・九州
平野から山地にかけての田んぼや森林などで見られる。
▶オタマジャクシp.76
▶卵p.94
▶図鑑p.113

原寸大

吻先は丸く短い

顔の幅が広い

原寸大

顔が体に対して小さく、
スレンダーな体型

背中の線はまっすぐで
はっきりしているものが多い

顔が体に対して大きく、存在感のある体型

背中の線はやや曲がっており
不明瞭のものが多い

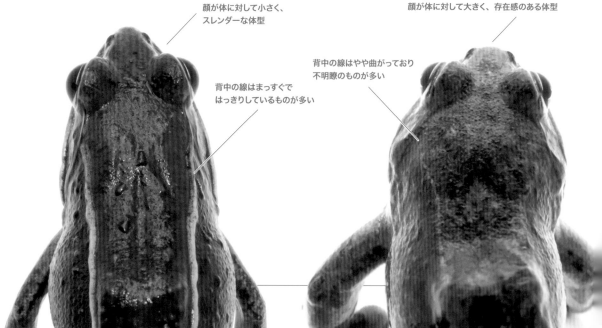

茶色のカエル③
タゴガエルの仲間

アカガエルとも間違えやすい

繁殖期のタゴガエルとナガレタゴガエルのオスは、体がブヨブヨとたるみ、婚姻瘤が発達するなど、特徴的な体つきとなる。しかし繁殖期以外（ナガレタゴガエルは水中にいる冬の間以外）は、左のページのアカガエルなども含め、近縁種と似ており、違いがわかりにくくなる。

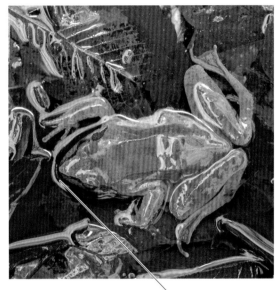

タゴガエル

吻先はやや尖る

アカガエル科アカガエル属

3～6cm
2~10月　本州・四国・九州
山地の渓流付近で見られるが、一部平野でも見られる。
▶オタマジャクシp.80
▶卵p.93
▶図鑑p.110

ナガレタゴガエル

吻先はやや丸い

アカガエル科アカガエル属

4～6cm
1~10月　本州
タゴガエルより分布が限定的で、山地の渓流付近で見られる。
▶オタマジャクシp.80
▶卵p.93
▶図鑑p.112

顔の幅はやや小さい

顔まわりは黒ずむ

原寸大

水かきはナガレタゴガエルよりややひかえめ

顔まわりは黒ずむ

顔の幅はやや大きい

原寸大

水かきが発達している

成体

繁殖期のカエルたちの激しい戦い

繁殖期、産卵場所へとやってくるメスをめぐって、オスは激しい戦いをくり広げます。その時のオスは、動くものであればメスでなくとも見境なく抱きつこうとし、特に短い期間にあっという間に産卵を終えるヒキガエルやアカガエルたちなどでは、それが顕著に思われます。オスがオスに抱きつくこともあり、間違えられ

たオスは、少しだけ鳴袋を膨らませてグゥグゥと鳴くリリースコールで、自分はオスであると表現して離してもらいますが、時には魚や他種のカエルに抱きついたままなかなか離さないオスもいます。カエルたちはまさに全身全霊をかけて、繁殖に挑むのです。

1匹のメスにたくさんのオスが群がる、アズマヒキガエルのカエル合戦。たいてい、産卵は1-2週間という短い期間で終わる

カジカガエルのオス同士のなわばり争い。石の上になわばりを作るカジカガエルは、近づいてきた他のオスと取っ組み合って争う

ヒキガエルの足に誤って抱きつく、タゴガエルのオス

繁殖期、集合するナガレタゴガエルたち

誤ってヤマメに抱きつくナガレタゴガエルのオス

繁殖期のナガレタゴガエルの死体。この種は繁殖期間中、死体を見かけることも多い

アマミハナサキガエルのメスが死んでいることにも気付かずむらがるオスたち。アマミハナサキガエルの産卵も、数日ほどの非常に短い期間で行われる

茶色のカエル④
その他のアカガエルとタゴガエルの仲間

限定的な分布のカエル

本州・四国・九州にはニホンアカガエル、ヤマアカガエル、タゴガエルが広く分布しているが、一部の離島や北海道には、各種に近縁のアカガエルやタゴガエルたちがいる。どれも一見よく似ており、見た目での判断は難しい。

チョウセンヤマアカガエル

アカガエル科アカガエル属

5～8cm
2～11月　対馬
ヤマアカガエルに近縁で、
対馬のみに生息する。
▶図鑑p.111

ツシマアカガエル

アカガエル科アカガエル属

3～4cm
1～11月　対馬
対馬にのみに分布するアカガエル。
▶図鑑p.111

ヤクシマタゴガエル

アカガエル科アカガエル属

3～5cm
1年中　屋久島
タゴガエルの亜種とされ、
屋久島のみに生息する。
▶図鑑p.111

対馬

隠岐諸島

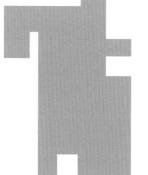

屋久島

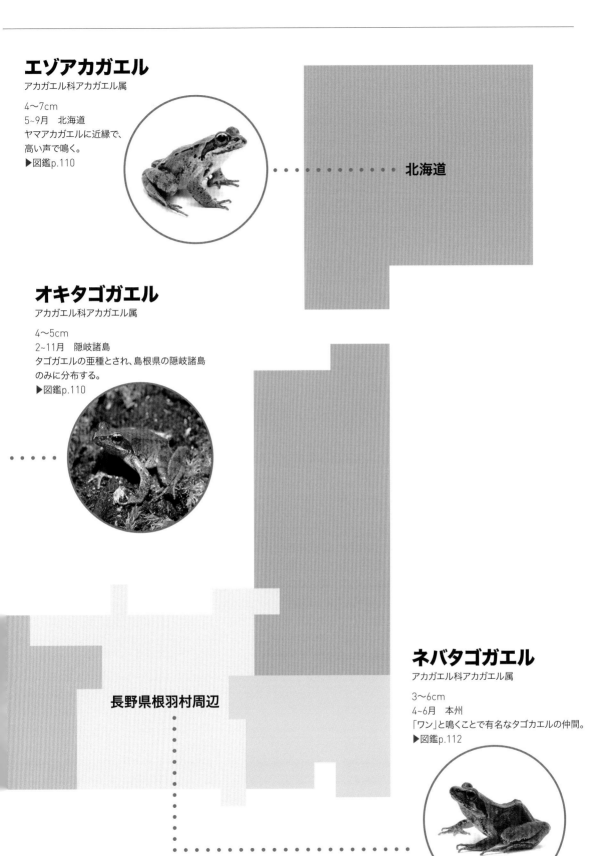

エゾアカガエル
アカガエル科アカガエル属

4～7cm
5~9月　北海道
ヤマアカガエルに近縁で、
高い声で鳴く。
▶図鑑p.110

北海道

オキタゴガエル
アカガエル科アカガエル属

4~5cm
2~11月　隠岐諸島
タゴガエルの亜種とされ、島根県の隠岐諸島
のみに分布する。
▶図鑑p.110

長野県根羽村周辺

ネバタゴガエル
アカガエル科アカガエル属

3～6cm
4~6月　本州
「ワン」と鳴くことで有名なタゴカエルの仲間。
▶図鑑p.112

茶色のカエル⑤
ツチガエルと
ヌマガエル

セットとして扱われることも多い2種

ツチガエルとヌマガエルは、全く違う種類のカエルだが、どちらも沼や田んぼ周辺で見られることや、イボのある背中が共通するからか、よくくらべられる2種である。背中だけをくらべると似ているように思うが、よく見ると確かに顔や体つきは違っているのがわかる。

ツチガエル

アカガエル科ツチガエル属

3〜6cm
4~10月　北海道・本州・四国・九州
カエル特有のぬめりけが少ない。
▶オタマジャクシp.79
▶卵p.96
▶図鑑p.114

目と目の間は離れている

原寸大

ヌマガエル

ヌマガエル科ヌマガエル属

3〜5cm
4~5月（温暖なところでは一年中）
本州・四国・九州・奄美諸島・沖縄諸島
元々は温暖な地方のカエルであったが、近年関東周辺まで分布を広げている。
▶オタマジャクシp.79
▶卵p.96
▶図鑑p.119

目と目の間はツチガエルにくらべ離れていない

原寸大

体に対して頭が大きい

原寸大

体に対して頭が小さめ

原寸大

デコボコとしたように見えるイボを持つ

原寸大

ツチガエルよりデコボコ感の少ないイボを持つ

原寸大

サドガエル

サドガエルは佐渡島にのみ分布するカエルで、2012年に新種として記載された。ツチガエルの近縁種ではあるが、ツチガエルにくらべて背中のイボがひかえめで、体に対して顔も小さくほっそりしており、見た目だけならむしろヌマガエル似ていると思う点も多い。

原寸大　原寸大

ツチガエル　サドガエル

お腹が白い　お腹が黄色

背中はツチガエルにそっくり

トノサガマエル の仲間

まずは分布で考える

トノサマガエルの仲間の3種は、見た目がよく似ており、分布（p.45）から種類を判断するのが確実だ。しかし、分布が重なっている地域では、見た目での判断が必要になる。しっかり観察して、足の長さや顔つき体つきの微妙な違いを確認してみるのが良い。

トウキョウダルマガエル

アカガエル科トノサマガエル属

4〜8cm
4~10月　北海道・本州
ダルマという名前の通り、トノサマガエルにくらべて足が短く、ずんぐりむっくりした体型。
▶オタマジャクシp.78
▶卵p.97
▶図鑑p.114

ずんぐりとした体型

四肢はやや短い

原寸大

目と目の間は狭い

ナゴヤダルマガエル

アカガエル科トノサマガエル属

5〜7cm
4~10月　本州・四国
3種の中では一番足が長く、かわいいイメージのカエル。
▶オタマジャクシp.78
▶卵p.97
▶図鑑p.115

ずんぐりとした体型でやや小柄

原寸大

四肢は3種の中で一番短い

目はトノサマガエルほどではないが出っ張り気味で、目と目の間はやや狭い

トノサマガエル

アカガエル科トノサマガエル属

5〜9cm
4~10月　北海道・本州・四国・九州
トノサマの名前に恥じない貫禄を持つカエル。
▶オタマジャクシp.78
▶卵p.97
▶図鑑p.115

ほか2種にくらべ、スレンダーで大柄な体型

原寸大

四肢は長い

目は出っ張り気味で、目と目の間はやや狭い

トノサマガエルの仲間の分布

ナゴヤダルマガエルは、トウキョウダルマガ
エルかトノサマガエル、あるいはその両方と
必ず分布が重なる。特にトノサマガエルと
ナゴヤダルマガエルは分布が重なることも
多い。3種がすべて見られるのは現在のとこ
ろ、長野県のみ。

トノサマガエルのみ
（関東平野〜仙台平野を除く本州、四国、九州）

トウキョウダルマガエルのみ
（関東平野）

トノサマガエル＋トウキョウダルマガエル
（神奈川県、東北の一部、北海道は両種とも移入）

トノサマガエル＋ナゴヤダルマガエル
（東海〜中国地方、四国の一部）

トノサマガエル＋トウキョウダルマガエル＋ナゴヤダルマガエル
（長野県）

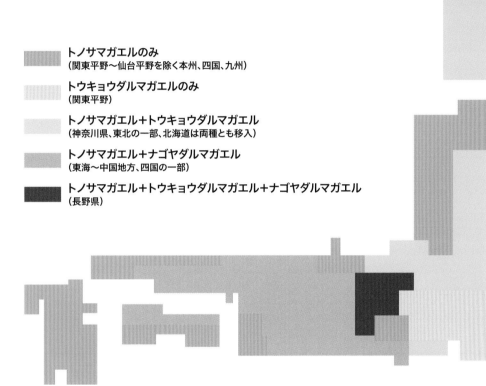

トノサマガエル

ナゴヤダルマガエル

トウキョウダルマガエル

トウキョウダルマガエル

成体

カエル鳴く

カエルが鳴くのはよく知られていますが、鳴くのはおもに繁殖期のオスで、口をしっかり閉じて鳴のう（鳴袋）をふくらませ大きな声で鳴きます。これは、メスに自分の場所を誇示するためのメイティングコールと呼ばれる鳴き声です。鳴のうはカエルに

よって場所が異なり、のどや頬に持つもの、内鳴のう（皮膚の下に鳴袋がある）を持つもの、そもそも鳴のうを持たないものなど、さまざまです。

❶ノド

カジカガエル

ニホンアマガエル

アマミイシカワガエル

ヌマガエル

ツチガエル

❷頬
トウキョウダルマガエル

ナゴヤダルマガエル

❸内鳴のう
ヤマアカガエル

❹鳴嚢がない
アズマヒキガエル

ウシガエル

巨大な外来種のカエル

平地の川や沼などの水辺〜水中で見られる身近なカエルだが、元々はアメリカ原産。成体になると最大20cm近くともなる巨体、大きな鼓膜、泳ぎがうまく後ろ足の水かきがよく発達しているのが特徴。

ウシガエル

アカガエル科アメリカアカガエル属

10〜18cm
4〜10月（温暖なところでは一年中）　全国
夏に牛のような低い大きな声で鳴く
▶オタマジャクシp.81
▶卵p.98
▶図鑑p.113

大きめな鼓膜、オスの方が大きい

原寸大

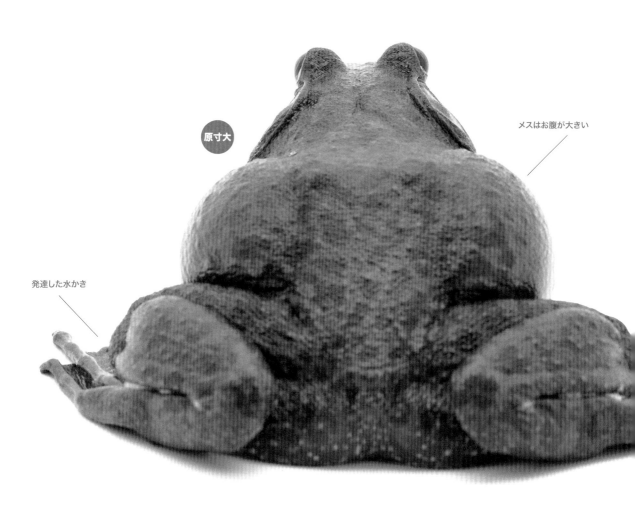

原寸大

メスはお腹が大きい

発達した水かき

くらべる

トウキョウダルマガエル

ウシガエルの上陸したての個体は、川の止水域など
同じ環境で見られ、大きさも同じくらいなので、暗
い色味のトウキョウダルマガエルとよく似ている。

幼体

原寸大

南西諸島の
カエル①
奄美諸島

固有種が多い

南西諸島では外来種を除く計23種のカエルが生息し、これは日本に生息するカエルのおおよそ半分の種類である。奄美地方には外来生物のウシガエルとシロアゴガエルを除くと全9種のカエルが見られる。ここではヌマガエルを除く計8種を紹介する。

アマミハナサキガエル

アマミイシカワガエル

アカガエル科ニオイガエル属

8〜13cm
ほぼ一年中　奄美諸島
コケが生えた岩などにいると、まったく目立たない。
▶オタマジャクシp.83
▶卵p.100
▶図鑑p.116

やや発達した吸盤

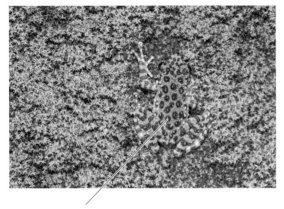

鮮やかな黄緑色と金〜茶色の斑点が入る迷彩色。

水かきも発達している

オットンガエル

アカガエル科バビナ属

10〜14cm
ほぼ一年中　奄美諸島
日本のアカガエル科の中では最も大きいカエル。
▶オタマジャクシp.83
▶卵p.101
▶図鑑p.117

カニを食べる

大きな体格

オスはがっしりと太い前足

アマミアカガエル

アカガエル科アカガエル属

3〜4cm
ほぼ一年中　奄美諸島
奄美群島と徳之島にすむ
アカガエル。
▶オタマジャクシp.83
▶卵p.100
▶図鑑p.109

黒くて太い模様が入る

体は細身なスレンダー体型

アマミハナサキガエル

アカガエル科ニオイガエル属

5〜10cm
ほぼ一年中　奄美諸島
奄美諸島に住む、ハナサキガエルの仲間。
▶オタマジャクシp.83
▶卵p.100
▶図鑑p.115

体の色は、茶褐色や深緑などさまざま

細身だが、成体はメスで10cm
ほどにもなる大型のカエル

ヒメアマガエル

ヒメアマガエル科ヒメアマガエル属

2〜3cm
ほぼ一年中　奄美諸島・沖縄諸島
名前にアマガエルとつくが、
アマガエルとは遠い仲間。
▶オタマジャクシp.82
▶図鑑p.123

零型の体型

体に対して顔が小さい

リュウキュウカジカガエル

アオガエル科カジカガエル属

2～4cm
ほぼ一年中　奄美諸島・沖縄諸島
奄美・沖縄諸島では最も一般的なカエル。
▶オタマジャクシp.82
▶卵p.100
▶図鑑p.122

顔に黒っぽい模様が入ることが多い

体色は灰色、黄土色、赤褐色などさまざま

アマミアオガエル

アオガエル科アオガエル属

4～8cm
ほぼ一年中　奄美諸島
奄美諸島に住む、アオガエルの仲間。
▶オタマジャクシp.82
▶卵p.100
▶図鑑p.120

お腹のあたりがでっぷりと
しており、特にメスで顕著

吸盤が非常に大きい

ハロウエルアマガエル

アマガエル科ヨーロッパアマガエル属

3～4cm
ほぼ一年中　奄美諸島・沖縄諸島
ニホンアマガエルとくらべて、
ほっそりしているアマガエル。
▶オタマジャクシp.82
▶図鑑p.109

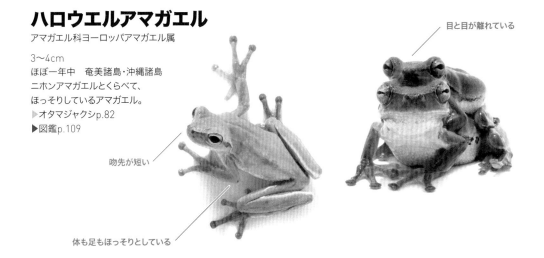

目と目が離れている

吻先が短い

体も足もほっそりとしている

南西諸島の
カエル②
沖縄諸島のカエル

奄美諸島と同様、固有種が多い

沖縄島およびその周辺の島々ではウシガエルとヌマガエルを除くと全10種が見られる。奄美諸島でも見られるハロウエルアマガエル、リュウキュウカジカガエル、ヒメアマガエルを除く計7種を紹介する。

ハナサキガエル

ナミエガエル

ヌマガエル科クールガエル属

7〜11cm
ほぼ一年中　沖縄諸島
水中でもエサを食べられる、
日本唯一のカエル。
▶図鑑p.118

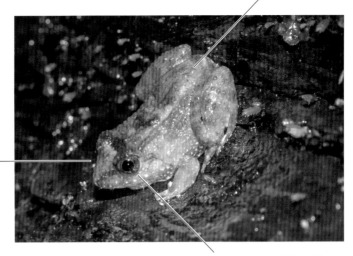

体色は茶色や黄土色、灰色や赤褐色などさまざま

体に対して顔が非常に大きい

目に十字が入っているように見える(実際はT字)

ホルストガエル

アカガエル科バビナ属

10〜13cm
ほぼ一年中　沖縄諸島
巨体に似合わず、ジャンプ力は
とても強く、動きも早い。
▶図鑑p.118

表面はヌルヌルしている

体は非常に大きい

オキナワイシカワガエル

アカガエル科ニオイガエル属

9〜11cm
ほぼ一年中　沖縄諸島
森林にすむカエルで、かつては
幻のカエルとも言われた。
▶図鑑p.116

地はやや明るめの深緑色

水かきが発達している

吸盤はやや発達

オキナワアオガエル

アオガエル科アオガエル属

4〜7cm
ほぼ一年中　沖縄諸島
生息地では、特に雨の日などによく見られるカエル。
▶図鑑p.120

吸盤は非常に大きい

お腹がでっぷりとしており、オス（右）
にくらべ、メス（左）が特に顕著

シロアゴガエル

アオガエル科シロアゴガエル属

4〜7cm
ほぼ一年中　奄美諸島・沖縄諸島・先島諸島
1980年代に移入されたと言われる、
外来のアオガエル。
▶図鑑p.122

吸盤は大きめ

体に対し、顔が大きい

ストライプの模様が入ることがある

口周りが白い

リュウキュウアカガエル

アカガエル科アカガエル属

3〜5cm
ほぼ一年中　沖縄諸島
細身でスレンダーなカエル。
▶図鑑p.113

体は非常に細い

体色はやや鮮やかな赤褐色

ハナサキガエル

アカガエル科ニオイガエル属

5〜7cm
ほぼ一年中　沖縄諸島
ハナサキガエルの仲間はジャンプ力が強い。
▶図鑑p.117

吻先は長い

足が長い

体色は緑や茶褐色などさまざま

南西諸島の
カエル③
先島諸島

台湾や中国南東部に近い場所

先島は南西諸島でも、台湾や大陸に近縁なカエルが多い。近年、先島諸島に生息するヒメアマガエルとリュウキュウカジカガエルは、それぞれヤエヤマヒメアマガエル、ヤエヤマカジカガエルとされた（p.64）。この他に外来種のシロアゴガエルも見られる。

アイフィンガーガエル

コガタハナサキガエル

アカガエル科ニオイガエル属

4〜5cm
ほぼ一年中　先島諸島
ハナサキガエルの仲間では
最も小型。
▶図鑑p.117

吻先はあまり長くない

全体はずんぐりとした体型

お腹の横のイボが目立つ

オオハナサキガエル

アカガエル科ニオイガエル属

7〜11cm
ほぼ一年中　先島諸島
非常に大型で、コガタハナサキガエルと
間違えることはない。
▶図鑑p.116

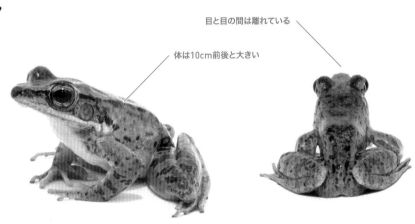

目と目の間は離れている

体は10cm前後と大きい

ヤエヤマハラブチガエル

アカガエル科ハラブチガエル属

4〜4.5cm
ほぼ一年中　先島諸島
腹にぶち模様があることから
名付けられたカエル。
▶図鑑p.118

体の横は茶褐色と黒のツートンカラー

あごの横幅はせまい

前足は短め

お腹にぶち模様

ミヤコヒキガエル

ヒキガエル科ヒキガエル属

6〜12cm
ほぼ一年中　先島諸島
名前の通り、宮古島にすむヒキガエル。
▶図鑑p.107

ずんぐりむっくりとした体型

体色は茶色やオレンジ色などさまざま

オオヒキガエル

ヒキガエル科ナンベイヒキガエル属

9〜12cm
ほぼ一年中　先島諸島
サトウキビ畑の害虫駆除を目的に石垣島へ
移入された、アメリカ産のヒキガエル。
▶図鑑p.107

目の上は特にトゲトゲとしている

あごの幅は広い

ヤエヤマアオガエル

アオガエル科アオガエル属

4～6cm
ほぼ一年中　先島諸島
台湾にすむカエルと近縁
のアオガエル。
▶図鑑p.121

体色は鮮やかな緑色

指先はオレンジ

お腹が黄色いこともある

アイフィンガーガエル

アオガエル科アイフィンガーガエル属

3～4cm
ほぼ一年中　先島諸島
アイフィンガーという名前は、
ドイツ人研究者由来。
▶図鑑p.119

目と目の間が離れている

足にしま模様が入らないこともある

くらべる

ヤエヤマ
カジカガエル

アイフィンガーガエルと、ヤエヤマカジカガエル
（p.64）は同じアオガエル科のカエルで、サイズ感
が似ていたり、同じような場所にいたりなどして、間
違えやすいので注意。

サキシマヌマガエル

ヌマガエル科ヌマガエル属

4～7cm
ほぼ一年中　先島諸島
動きが素早い南西のヌマガエル。
▶図鑑p.119

背中に線が入ることがある

体に比べて頭が小さい

過去には同種とされていたカエル

過去では形態に頼ってカエルの種が分類されていたが、近年では遺伝子研究が進み、
同種と考えられていたカエルが、DNAの分析によって別種とされることがある。ここでは、
おもに南西諸島のカエルで、混同されていたものたちを紹介する。

❶ヒメアマガエル

2020年、八重山諸島に分布するヒメアマガエルとされていたものが、
ヤエヤマヒメアマガエルとして新種記載された。

ヒメアマガエル

ヤエヤマヒメアマガエル

やや大型

下あごの斑点がお腹まで届かない

下あごの斑点がお腹まで届く

❷リュウキュウカジカガエル

2020年、八重山諸島に分布するリュウキュウカジカガエルとされていたものが、ヤエヤマカジカガエルとして新種記載された。

リュウキュウカジカガエル

ヤエヤマカジガガエル

下あごの斑点が少ない

頭が体に比べて小さめ

下あごの斑点が多い

❸イシカワガエル

2011年、奄美大島に分布するものと、沖縄島に分布するものが、それぞれアマミイシカワガエル、オキナワイシカワガエルとされた。

アマミイシカワガエル

オキナワイシカワガエル

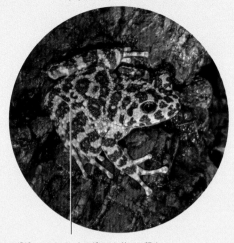

背中のイボや模様が細かく、
鮮やかな配色

背中のイボが、アマミイシカワガエルに比べて粗く、
模様は大きく渋めの配色

❹リュウキュウアカガエル

2011年、奄美諸島に分布するリュウキュウアカガエルとされていたものが、アマミアカガエルとされた。
また、かつては先島諸島などに生息するヤエヤマハラブチガエルも、リュウキュウアカガエルとされていた。

アマミアカガエル

リュウキュウアカガエル

やや目が飛び出ている

より細身な体型

顔の黒の模様が、
足まで届く

ヤエヤマハラブチガエル

ハロウエルアマガエル

アマミハナサキガエル

アマミイシカワガエル

ヒメアマガエル

オタマジャクシ

丸い体に細い尻尾がついて、水の中をスイスイ泳ぐカエルの幼生、オタマジャクシ。
その姿を上から見ると、どれも似たような姿に見えますが、
よく観察してみると種類によって顔や体つきなどがちがいます。
ここでは、オタマジャクシを仲間同士でくらべてみました。

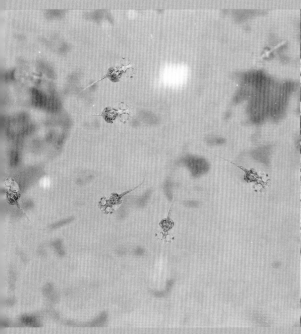

オタマジャクシ

通称名「オタマジャクシ」は、カエルの幼生のことです。ふ化してからカエルになって上陸するまでの間を水の中で暮らすのに適した体を持ち、丸い頭と体にヒレ状の長い尻尾が特徴。泳ぎが得意です。

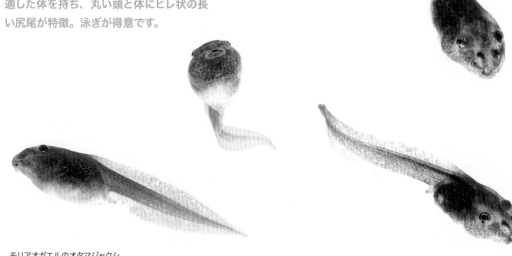

モリアオガエルのオタマジャクシ

◉個性あるオタマジャクシの姿形

①止水で育つオタマジャクシ

アマガエルやトノサマガエルのように止水域の田んぼや池で育つオタマジャクシの多くは、頭と体がまん丸で尾のヒレは比較的幅広。体は黒っぽい褐色で、口は前斜め下向きにちょんぼりついていて藻や水性植物のほか魚の死骸なども食べる雑食性です。

トノサマガエルのオタマジャクシ

ニホンアマガエルのオタマジャクシ

②流れのあるところで育つオタマジャクシ

カジカガエルやナガレヒキガエルのように流れのある川などで育つオタマジャクシの多くは頭と体が扁平で、尾は細長いのが特徴。口は岩にくっついて藻などをこそぎとるように食べるので、幅広で真下に向かってついていています。

ナガレヒキガエルのオタマジャクシ

リュウキュウカジカガエルのオタマジャクシ

③その他の特徴的なオタマジャクシ

タゴガエルやナガレタゴガエルはエサを食べないとされています。タゴガエルの仲間の幼生は白っぽく、小さく細長い体で、岩や砂・落ち葉の隙間で育ち、あまり泳ぎ回らないので、エサを食べなくても体内の栄養分で変態まで成長できるようです。しかし、実際に飼育してみると、エサを与えたときはわずかながら食べるので、目立たないだけで多少は岩についた藻などを食べることもあるのが推測できます。

また特徴的なものとしては、先島諸島にすむアイフィンガーガエルは親が産みにくる無精卵をエサにするので、卵を食べやすいように口は前向きについています。

タゴガエルのオタマジャクシ

口が前についているアイフィンガーガエルのオタマジャクシ

◉成長して変わる姿

　ほとんどの種類では、幼生は生まれて数ヶ月のうちに後ろ足が生え、次に前足が生え、尾が短くなり始めます。尾が短くなるのと同時に四肢は太くしっかりしてきます。呼吸も、えら呼吸だったものが肺呼吸に変化するので、おちょぼ口は裂けるように大きく前に向き、目は飛び出てきます。その頃には身体にそれぞれのカエルの特徴的な色が現れ始めます。そして、カエルへと変態、上陸をします。ウシガエルやツチガエルでは、オタマジャクシのまま越冬し、大型化することも知られます。

後ろ足が生えたオタマジャクシ

前足が生え、口が前を向き始め、目が飛び出してきたオタマジャクシ

尻尾が短くなり、成体の特徴が現れ始めてきたトウキョウダルマガエル

上陸したアズマヒキガエルの幼体

◉身近な生き物としてのオタマジャクシ

　初夏の田んぼでは、同時期にアマガエル・シュレーゲルアオガエル・ツチガエル・トウキョウダルマガエルなどの色々な種類のオタマジャクシが見られるので、土手から覗いてみると、オタマジャクシがちょろちょろと呑気に泳ぐ姿が普通に見られます。その数の多さと動きの緩慢さから、ヤゴやコオイムシ、タイコウチといった水生昆虫や、イモリ、ヒバカリ、サギなど多くの生き物に狙われ、多くの生き物にとってオタマジャクシは大切なタンパク源になっているのです。

　また、人間の子供にとっても、田んぼで泳ぐオタマジャクシは捕まえやすく、泳ぐ姿も可愛らしくて興味を持つのは必然！　防ぎようがありません。オタマジャクシは水質にあまり敏感ではなく、金魚のエサなど簡単に手に入りやすいものを食べてくれるので飼育も楽。そして、カエルになるまでの姿を観察しやすいので、ぜひ飼育し、劇的な変化を目の当たりにして欲しいと思います。

ヤマアカガエルのオタマジャクシ

ニホン アマガエル

最も身近なオタマジャクシ

現代の日本人にとって、最も身近なオタマジャクシの一種。おもに田んぼで見られ、さまざま種と現れる時期と場所が重なるが、アマガエルは上から見ると目と目が離れているため、見分けやすい。

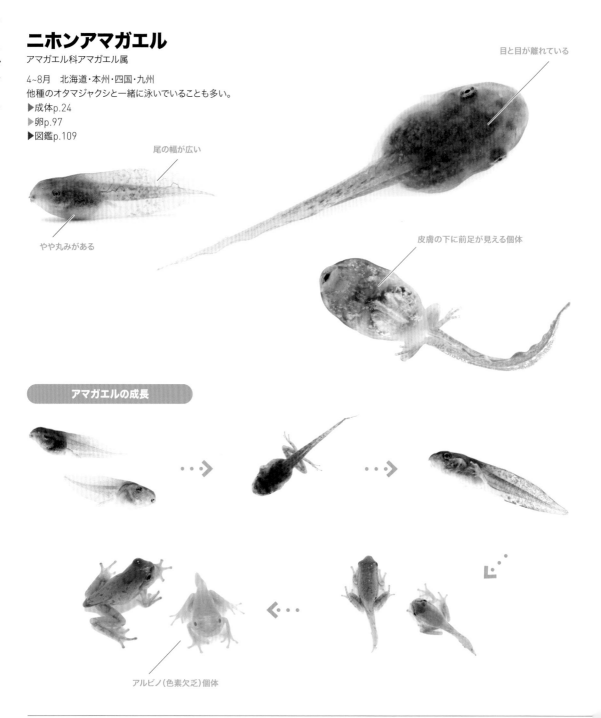

ニホンアマガエル

アマガエル科アマガエル属

4~8月　北海道・本州・四国・九州
他種のオタマジャクシと一緒に泳いでいることも多い。
▶成体p.24
▶卵p.97
▶図鑑p.109

目と目が離れている

尾の幅が広い

やや丸みがある

皮膚の下に前足が見える個体

アマガエルの成長

アルビノ(色素欠乏)個体

アオガエルの
仲間①

成体はよく似ているけれど……

モリアオガエルとシュレーゲルアオガエルは成体では見分けが難しいことがあるが、オタマジャクシは観察してみると、見た目に違いが多くあることがわかる。また、モリアオガエルは目の離れ具合や体の形など、どちらかといえばアマガエルに似ている。

シュレーゲルアオガエル

アオガエル科アオガエル属

5~8月　本州・四国・九州
アマガエルと間違えられやすい。
▶成体p.24
▶卵p.88
▶図鑑p.120

目と目の間はあまり広くない

体は細く流線形に近い

> **シュレーゲルアオガエルの成長**

モリアオガエル

アオガエル科アオガエル属

5~8月　本州
ふ化してから1ヶ月ほどで上陸することが多い。
▶成体p.24
▶卵p88
▶図鑑p.121

尾の幅は広め

目と目の間はやや離れている

横から見るとやや丸みを帯びた体

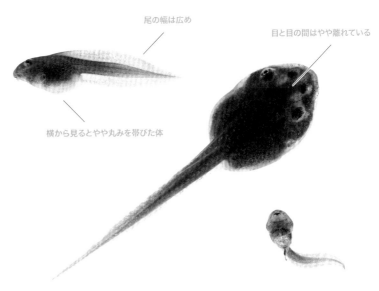

モリアオガエルの成体とオタマジャクシ

アオガエルの仲間②

渓流のオタマジャクシ

渓流などの流れのある場所の生活に適応した体をしており、細長い扁平な体と、長い尾、体の下についた口が特徴。住んでいる場所や体の特徴で、他種と間違えることは少ない。

カジカガエル

アオガエル科アオガエル属

4~8月　本州・四国・九州
おもに渓流で見られる。
▶成体p.30
▶卵p.99
▶図鑑p.121

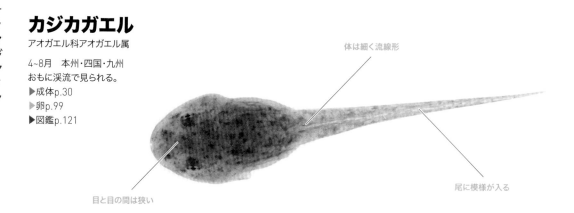

体は細く流線形

尾に模様が入る

目と目の間は狭い

カジカガエルの成長

幅広な口が下についている

尾が長く細長い体は、渓流での生活に適している

ヒキガエルの仲間

黒色の小さなオタマジャクシ

ヒキガエルのオタマジャクシは、春に公園の池や湿地や田んぼ、山や林道の水溜りなどさまざまな場所で集団で泳ぐ姿が見られる。ニホンヒキガエルとアズマヒキガエルの見分けは難しいが、渓流で見られるナガレヒキガエルは流水に適応した体をしているので見分けやすい。

ナガレヒキガエル

ヒキガエル科ヒキガエル属

5~7月　本州
渓流にすむヒキガエルで、オタマジャクシは流水での生活に適した姿。
▶成体p.32
▶卵p.89
▶図鑑p.108

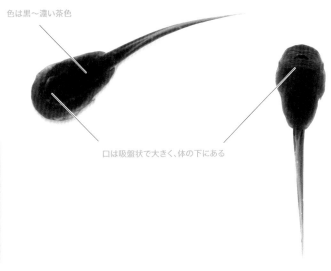

色は黒〜濃い茶色

口は吸盤状で大きく、体の下にある

体の真下にある口で地面に吸い付く

アズマヒキガエル

ヒキガエル科ヒキガエル属

5~7月　北海道・本州
おもに止水域で暮らし、ニホンヒキガエルとの見分けはつかない。
▶成体p.33
▶卵p.89
▶図鑑p.108

色は黒〜濃い茶色

口はナガレヒキガエルにくらべ、やや前向きに位置する

アズマヒキガエルの成長

アカガエルの仲間

早春のオタマジャクシ

本州〜九州（一部離島を除く）では、一番早くから見られるオタマジャクシ。田んぼや沼、湿地などの止水域でよく見られる。ヤマアカガエルとニホンアカガエルのオタマジャクシは同じ場所で泳いでいることも多いが、背中の模様で見分けることができる。

ニホンアカガエル

アカガエル科アカガエル属

2~5月　本州・四国・九州
同じ時期・場所で見られるヤマアカガエルとは背中の模様で見分けがつく。
▶成体p.36
▶卵p.94
▶図鑑p.112

背中に一対の黒い点がある

ニホンアカガエルの成長

まだら模様が目立つ

ヤマアカガエル

アカガエル科アカガエル属

2~5月　本州・四国・九州
早春の田んぼや池などで泳ぐ姿が見られる。
▶成体p.36
▶卵p.94
▶図鑑p.113

まだら模様が目立つ

背中に斑点はない

ヤマアカガエルの成長

ヤマアカガエルのオタマジャクシ

トノサマガエルの仲間

夏の田んぼを代表するオタマジャクシ
3種の見分けは難しく、唯一トウキョウダルマガエルは他2種にくらべ、目の幅が狭く、また分布の重なり（p.45）も少ないので判断しやすい。トノサマガエルとナゴヤダルマガエルは分布が重なることも多く、オタマジャクシの状態での同定は難しい。

トウキョウダルマガエル
アカガエル科トノサマガエル属

5~8月　北海道・本州
近縁の2種にくらべ、見分けやすい。
▶成体p.44
▶卵p.97
▶図鑑p.114

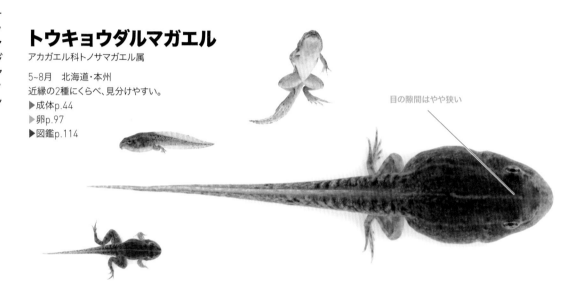

目の隙間はやや狭い

トノサマガエル
アカガエル科トノサマガエル属

5~8月　北海道・本州・四国・九州
おもに田んぼで見られる。
▶成体p.44
▶卵p.97
▶図鑑p.115

ナゴヤダルマガエル
アカガエル科トノサマガエル属

5~8月　本州・四国
トノサマガエルとの見分けは難しい。
▶成体p.44
▶卵p.97
▶図鑑p.115

2種を見た目で見分けるのは困難

ヌマガエルと
ツチガエル

似ているようで結構違う

2種は同じ場所・時期で見られることがあるが、よく観察すると背中の見た目や、体つきなどで違いがわかる。ツチガエルは幼生で越冬することがあり、その場合は大型となる。ヌマガエルは幼生で越冬することはない。

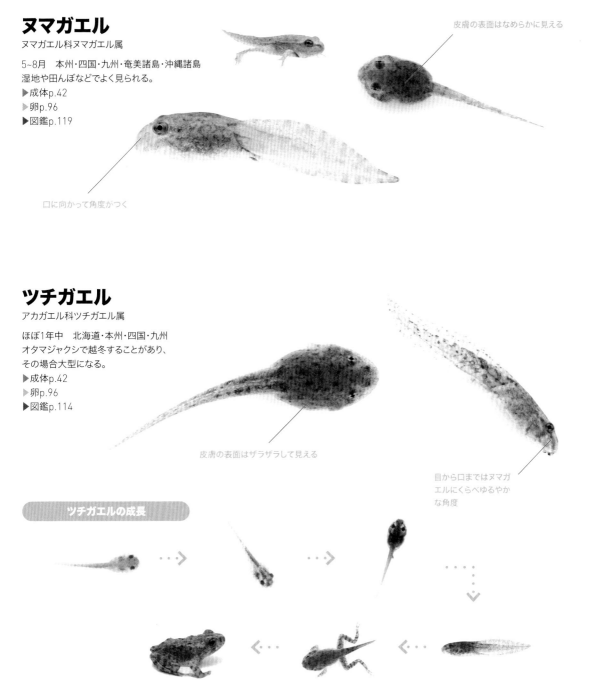

ヌマガエル
ヌマガエル科ヌマガエル属

5~8月　本州・四国・九州・奄美諸島・沖縄諸島
湿地や田んぼなどでよく見られる。
▶成体p.42
▶卵p.96
▶図鑑p.119

皮膚の表面はなめらかに見える

口に向かって角度がつく

ツチガエル
アカガエル科ツチガエル属

ほぼ1年中　北海道・本州・四国・九州
オタマジャクシで越冬することがあり、その場合大型になる。
▶成体p.42
▶卵p.96
▶図鑑p.114

皮膚の表面はザラザラして見える

目から口まではヌマガエルにくらべゆるやかな角度

ツチガエルの成長

タゴガエルの仲間

白っぽい体のオタマジャクシ

両種とも河川の上流域の岩の下などで過ごすが見分けは困難で、分布などで判断するのが良い。白い体が特徴で、卵黄の栄養だけで何も食べずに変態することができる。

タゴガエルの仲間は体が白っぽく、また地面に口をつける習性があるようで、常に写真のような状態で過ごす

タゴガエル

アカガエル科アカガエル属

4~6月　本州・四国・九州
水中の岩の下などで過ごす。
▶成体p.37
▶卵p.93
▶図鑑p.110

変態して上陸した個体

ナガレタゴガエル

アカガエル科アカガエル属

2~4月　本州
タゴガエルとの見分けは難しい。
▶成体p.37
▶卵p.93
▶図鑑p.112

ウシガエル

巨大なオタマジャクシ

ふ化したては小さいが、オタマジャクシの姿で越冬し、越冬後には全長12~15cmまで成長する。真冬に生息地の沼や池などをのぞくと、巨大なウシガエルのオタマジャクシが泳ぐ姿が見られることがある。

ウシガエル

アカガエル科アメリカアカガエル属　 原寸大

ほぼ一年中　全国
特定外来生物に指定されており、飼育はできない。
▶成体p.50
▶卵p.98
▶図鑑p.113

くらべる？

ツチガエルの幼生

ウシガエルの生まれたての幼生は、ツチガエルとよく似ている。川の湾度など、同じ場所で見られることもあるので注意。

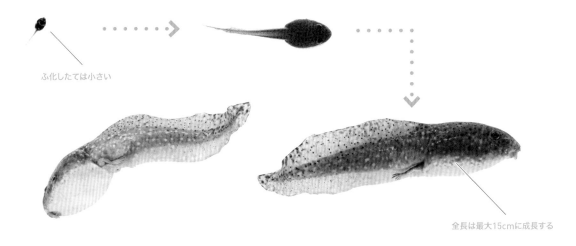

ふ化したては小さい

全長は最大15cmに成長する

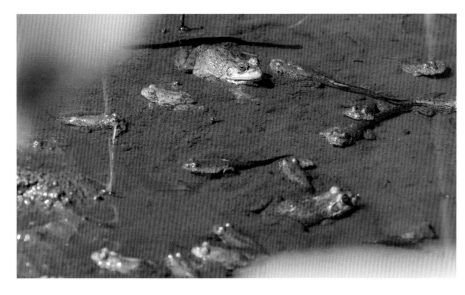

成長したオタマジャクシは、オタマジャクシとは思えないほど巨体だが、成体はそれ以上に大きい

オタマジャクシ

奄美諸島の オタマジャクシ

多様な南西のオタマジャクシ
ここでは奄美諸島の8種のオタマジャクシを紹介する。オタマジャクシにも、種類やすむ環境によって形態が大きく異なることがわかる。ぜひ、くらべてみよう。

ヒメアマガエル

ヒメアマガエル科ヒメアマガエル属

1年中
魚にも見える特異な姿のオタマジャクシ。
▶成体p.54
▶図鑑p.123

半透明の体

目は上向きで、その間は非常に離れている

生息地で水が溜まっている場所を覗くと、大体この種のオタマジャクシが泳いでいる

ハロウエルアマガエル

アマガエル科ヨーロッパアマガエル属

5~7月
水たまりなどでもよく見られる。
▶成体p.55
▶図鑑p.109

目と目の隙間が大きい

アマミアオガエル

アオガエル科アオガエル属

5~8月
平地から山地までの池などで見られる。
▶成体p.55
▶卵p.100
▶図鑑p.120

最も特徴のない典型的なオタマジャクシ

リュウキュウカジカガエル

アオガエル科カジカガエル属

4~11月
カジカガエルとは異なり、渓流以外のさまざまな場所で見られる。
▶成体p.55
▶卵p.100
▶図鑑p.122

扁平な体

口は体の下についている

アマミハナサキガエル

アカガエル科ニオイガエル属

ほぼ一年中
川の上流や中流のよどみなどで見られる。
▶成体p.54
▶卵p.100
▶図鑑p.115

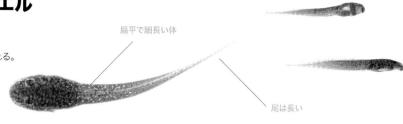

扁平で細長い体

尾は長い

オットンガエル

アカガエル科バビナ属

ほぼ1年中
一部のオタマジャクシは越冬する。
▶成体p.53
▶卵p.101
▶図鑑p.117

ふっくら大きな印象

アマミイシカワガエル

アカガエル科ニオイガエル属

ほぼ1年中
変態までおおよそ1~2年かかると言われている。
▶成体p.53
▶卵p.100
▶図鑑p.116

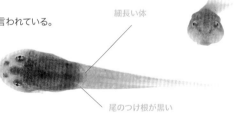

細長い体

尾のつけ根が黒い

オタマジャクシは森林の渓流内で見られる。

アマミアカガエル

アカガエル科アカガエル属

1~7月
森林の沢などで見られる。
▶成体p.54
▶卵p.100
▶図鑑p.109

目と目はやや離れ気味

アルビノのオタマジャクシ

イモリの
仲間の幼生

同じ両生類だけど、異なる姿

イモリの仲間は、カエルと同じ両生類で幼生から変態を経て成体へと成長するが、外にあるエラ（外鰓）やふ化した時からある四肢、また体つきなど形態は大きく異なる。ここでは日本に生息するイモリの仲間の幼生を紹介する。

アカハライモリ
イモリ科イモリ属

5~8月　本州・四国・九州
本州~九州では唯一のイモリ。
▶卵p.102
▶図鑑p.124

外鰓

シリケンイモリ
（アマミシリケンイモリ・オキナワシリケンイモリ）
イモリ科イモリ属

ほぼ一年中　奄美諸島・沖縄諸島
水たまりなどの止水で見られる。
▶卵p.102
▶図鑑p.124

体は黒っぽい色

イボイモリ
イモリ科イボイモリ属

3~7月　奄美諸島・沖縄諸島
イモリ科の中でも原始的な種と言われている。
▶卵p.102
▶図鑑p.124

幼生の頃からイボが現れる

卵

カエルの卵といえば、つぶつぶ、ぬるぬるとしていて、
もしかしたら苦手な人もいるかもしれません。
しかしカエルの種類によって、卵の形状、産み付ける場所、
見られる時期などはさまざまで、くらべてみると面白いステージです。
ここでは、卵を似た形状や見られる場所と時期でくらべました。

カエルの卵

　カエルの卵というと黒い粒々の卵がいっぱい集まったブヨブヨの塊というイメージが一般的ですが、卵塊はカエルの種類によってさまざまです。

　ヤマアカガエルやトノサマガエルのように、水を入れた1つのビニール袋のような卵塊を形成するものもあれば、ヒキガエルのように細長いヒモ状の卵塊を形成するもの、卵1つ1つの粒がくっついたような形のカジカガエルやタゴガエル、泡状の卵塊を作るアオガエルの仲間、バラバラと小さな卵塊をいくつも形成するアマガエルなどがあり、その形状や卵の数・質感はもちろん、卵が見られる時期もすむ地域によって違うので、卵塊の形状・大きさ・見つけた場所の状況や季節を整理すると、卵がどのカエルのものか、おおよその判断がつきます。

水の入ったビニール袋のようなヤマアカガエルの卵塊

ヒモ状のアズマヒキガエルの卵塊

ツブツブのタゴガエルの卵塊

泡状のモリアオガエルの卵塊

まとまりの少ないニホンアマガエルの卵塊

◉卵を産む

　カエルの産卵は、オスが覆いかぶさるようにメスの両脇にしっかり掴まることから始まります（抱接）。この状態でメスが産卵すると、オスはメスに捕まったまま精子を出し、足で拡散するような仕草をして受精させます。卵と同時に生み出された周囲のゼラチン質は、水を吸うことでクッション材のようにふくらみ、保護膜に包まれた卵をさらに守ります。

抱接と産卵する
ナゴヤダルマガエル

●卵の成長

卵がふ化するまでの期間は、水温に大きく影響されるので、産卵の時期や水場の位置によって大きく異なります。冬の山間部で産卵したナガレタゴガエルやヤマアカガエルなどの卵は、ふ化までに数週間かかることもありますし、夏の田んぼに産むニホンアマガエルなどは数時間でみるみる卵割し、体が形成されて数日でふ化します。

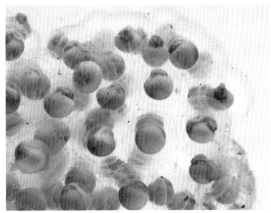

だるま胚とも呼ばれる、卵割が進んだ状態のタゴガエルの卵

●オタマジャクシが出てくるまで

卵は、産卵してすぐはしっかりしたゼラチン質に守られているので、食べに来る生き物は滅多にいませんが、産卵からしばらくするとゼラチン質は水を吸って壊れ始めます。ゼラチン質が壊れ、薄い保護膜に包まれた状態で飛び出した卵は食べやすくなるのか、イモリやカニ、時にはヘビが食べに来ることもあります。

ふ化したおたまじゃくしはまだ未熟な状態で、しばらくの間泳ぎ出さずに保護膜や周囲の植物や岩などにお腹をくっつけた状態でウネウネと動く程度でその場に留まり、しばらくして泳ぎ出します。

ゼラチン質が溶けたアズマヒキガエルの卵塊。

生まれたてのヒキガエルのオタマジャクシ。枝などにくっついた状態でしばらく留まる。

泡状の卵

メレンゲ状の泡巣を作るアオガエル

モリアオガエルとシュレーゲルアオガエルのメスは、卵と膀胱に貯めておいた水を同時に排出し、後ろ足で泡立てることで泡巣を作る。泡は、卵を乾燥から守る役目をする。ふ化した幼生は、雨に流されるようにして水中へと移動する。

卵

田んぼなどの土のくぼみに産むことが多い。卵塊はモリアオガエルより小さい

●シュレーゲルアオガエル

アオガエル科アオガエル属

4~6月　本州・四国・九州
春から夏にかけておもに田んぼで見られる。
▶成体p.24
▶オタマジャクシp.73
▶図鑑p.120

モリアオガエルのように木の上に産むことはほぼない

水の上にある木などに産むことが多い

●モリアオガエル

アオガエル科アオガエル属

5~7月　本州
山や森林で産卵することが多い。
▶成体p.24
▶オタマジャクシp.73
▶図鑑p.121

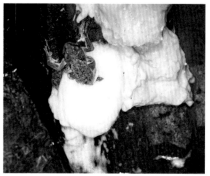

水の上であれば、人工物に産むこともある

ひも状の卵

ヒキガエルの特徴的な卵

ヒキガエルの仲間の卵のうは、ヒモのような細長い形が特徴。分布が重なることがあるニホンヒキガエルとアズマヒキガエルでは、卵の見た目で両種を判断することは困難だが、ナガレヒキガエルは局地的な分布で、卵の特徴も近縁2種とは異なるのでわかりやすい。

幅は太い

幅は細め

流れのない水の溜まったところに産卵する

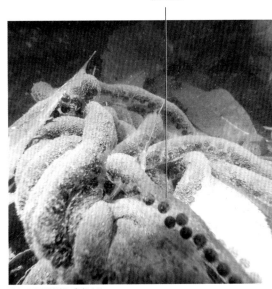

流れのある渓流に産卵する

●アズマヒキガエル

ヒキガエル科ヒキガエル属

2~4月　北海道・本州
卵塊はニホンヒキガエルとは
見分けがつかない。
▶成体p.33
▶オタマジャクシp.75
▶図鑑p.108

●ナガレヒキガエル

ヒキガエル科ヒキガエル属

4~5月　本州
おもに山地の渓流で見られる。
▶成体p.32
▶オタマジャクシp.75
▶図鑑p.108

卵の成長

胚とゼリーはくっついている

口で水中の水草などにくっつく

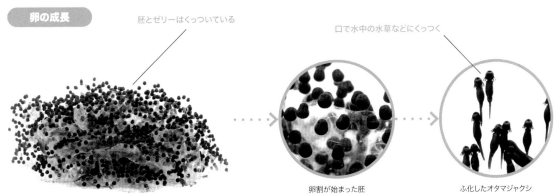

ゼリー（卵のう）が溶け、胚が飛び出したアズマヒキガエルの卵塊。

卵割が始まった胚

ふ化したオタマジャクシ

産卵にやってきたアズマヒキガエル

白い卵
春の渓流

大きく白い卵黄が特徴

タゴガエルとナガレタゴガエルは、どちらも河川の上流などで産卵し、卵塊の見た目で両種を判断するのは難しい。しかし、タゴガエルとナガレタゴガエルは産卵のタイミングや場所などに違いがある。判断に困った時はその2つのポイントを確認するのが良い。

卵

タゴガエルの卵塊。ナガレタゴガエルとの見分けは難しい。

卵黄は白く、胚は大きめ

卵の成長

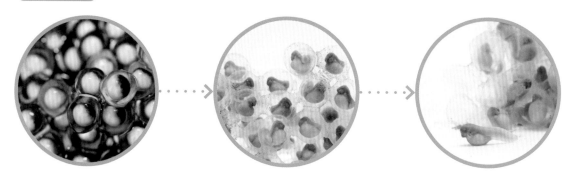

●タゴガエル
アカガエル科アカガエル属

3~5月　本州・四国・九州
岩の隙間などに産卵する。
▶成体p.37
▶オタマジャクシp.80
▶図鑑p.110

3~5月などナガレタゴガエルよりやや遅いタイミングで産卵する。岩の隙間などに産卵するが、卵塊数が多いと隙間に入りきらず、卵塊が見えてしまうことが比較的多い

●ナガレタゴガエル
アカガエル科アカガエル属

12~4月　本州
タゴガエルより産卵のタイミングは早め。
▶成体p.37
▶オタマジャクシp.80
▶図鑑p.112

おもに12~4月など、まだ寒い時期に産卵することが多い。ある程度、深さのある水中の落ち葉の下や岩の下などで産卵する

ツブツブの卵①
春の田んぼや池

早春の止水で見つかる

ニホンアカガエルとヤマアカガエルは同時期に同じ場所で産卵することがあり、同じ池に両種の卵塊があるのも稀ではない。だが、新鮮な産みたての卵塊であれば、それぞれに特徴があるため見分けるのは難しくない。

●**ニホンアカガエル**

アカガエル科アカガエル属

2~4月　本州・四国・九州
寒い時期に短期間で繁殖を行う。
▶成体p.36
▶オタマジャクシp.76
▶図鑑p.112

ゼリーの質感はややかためで、
すくいやすい

●**ヤマアカガエル**

アカガエル科アカガエル属

1~3月　本州・四国・九州
流れのゆるやかな場所に産卵する。
▶成体p.36
▶オタマジャクシp.76
▶図鑑p.113

ゼリーは柔らかく、すくいにくい

卵

水たまりのヤマアカガエルの卵塊

産卵から時間が経過したヤマアカガエルの卵塊。寒い時期の山間部など卵塊は、ゼリーが水を吸って透明感がなくなるくらいになっても、なかなか発生が進まない。

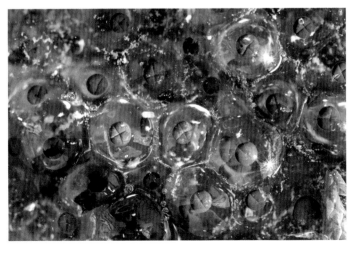
産みたてのヤマアカガエルの卵塊。日のあたりの良い場所の水中の卵塊は、どんどん発生が進む。

ツブツブの卵②
夏の田んぼ

多種多様なカエルが合戦を行う

夏の田んぼは、さまざまなカエルが入り乱れるため、卵を探すには絶好の時期と場所である。しかし、その分は卵の判断は難しく、判断するためには各種の特徴や生態を知っておく必要がある。ここでは夏の田んぼの代表的な4種の卵を紹介する。

卵

卵塊はまとまっており、水中の植物などに付着させて産卵する

●ツチガエル

アカガエル科ツチガエル属

5~8月　北海道・本州・四国・九州
やや流れのある水中に産む。
▶成体p.42
▶オタマジャクシp.79
▶図鑑p.114

胚は茶色

●ヌマガエル

ヌマガエル科ヌマガエル属

5~8月　本州・四国・九州・奄美諸島・沖縄諸島
田んぼなどの浅瀬で産むことが多い。
▶成体p.42
▶オタマジャクシp.79
▶図鑑p.119

胚は茶色

卵塊はまとまっておらず、散らばっている

● ニホンアマガエル

アマガエル科アマガエル属

5〜8月　北海道・本州・四国・九州
メスはちょっとずつ卵を産む。

▶成体p.24
▶オタマジャクシp.72
▶図鑑p.109

卵塊

胚は黒っぽい

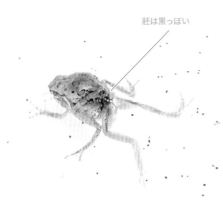

卵塊はまとまっていないことが多く、植物などに引っかかっていることが多い

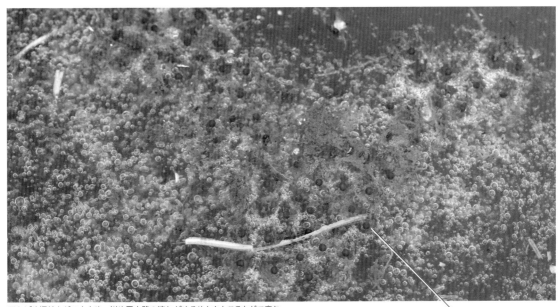

田んぼや湿地などの止水や、川や用水路の流れがゆるやかなところなどで産む

胚は黒っぽい

● トウキョウダルマガエル

アカガエル科トノサマガエル属

5〜7月　本州
分布が重なることがある近縁種のナゴヤダルマガエルと
トノサマガエルの卵とは見分けがつかない。

▶成体p.44
▶オタマジャクシp.78
▶図鑑p.115

ナゴヤダルマガエル

ツブツブの卵③
夏の川
（流れがゆるやかなところ）

大規模に広がるが、目立たない卵塊

ウシガエルは池や沼などの湿地から川のゆるやかな流れの場所で産卵をすることが多い。巨大で目立つ成体と異なり、一つ一つの卵は小さく、卵塊は植物などに産みつけられるため目立たず、見かける機会は意外に少ない。

水生植物に絡まるように産むため、見つけにくい

● **ウシガエル**

アカガエル科アメリカアカガエル属

6~9月　全国
巨体となる成体と比べ、卵は小さめ。
▶成体p.50
▶オタマジャクシp.81
▶図鑑p.113

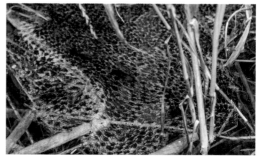

卵塊は植物と絡み合っている

くらべる

ウシガエルもトウキョウダルマガエルも、同じ時期・場所に産卵することがあり、要注意。ウシガエルの卵の粒は小さく、卵塊は大規模に水に広がる。トウキョウダルマガエルの方が卵の粒が大ぶりで、卵塊は小規模なことが多い。

トウキョウダルマガエルの卵塊

ツブツブの卵④
夏の川
（流れのあるところ）

石の下や地面に付着する卵塊

カジカガエルの卵塊は、渓流の石の下などに産み付けられるため、なかなか見つけにくい。卵塊は流水に適応しているためか、ペッタリと石や地面にくっついており、流されにくくなっている。

渓流の石の下に産卵するため、卵塊は見つけにくい

● **カジカガエル**

アオガエル科カジカガエル属

4~7月　本州・四国・九州
春の終わり～初夏にかけて卵塊は見つかる。
▶成体p.30
▶オタマジャクシp.74
▶図鑑p.121

卵塊は球状の大粒の卵で構成され、石などにくっついている

くらべる

カジカガエルとツチガエルの成体は河川の中流域など、同じ場所で見かけることがある。しかし、同じ場所でもツチガエルの卵塊は流れがゆるやかなところの植物についていることが多く、カジカガエルの卵塊は流れのある石の下などで見つかるので違いはわかりやすい。

ツチガエルの卵塊

奄美諸島の
カエルの卵

卵も多様な奄美諸島のカエル

ここでは奄美諸島のカエル5種の卵塊を紹介する。ぜひ、近縁種カエルとの違いもくらべてみてほしい。

卵

●アマミアカガエル

アカガエル科アカガエル属

11~4月
他のアカガエルの仲間と異なり、小卵塊を複数回産む（リュウキュウアカガエルも同様）。
▶成体p.54
▶オタマジャクシp.83
▶図鑑p.109

●アマミアオガエル

アオガエル科アオガエル属

1~5月
水辺の草や岩の下、落ち葉の下などに産みつける。
▶成体p.55
▶オタマジャクシp.82
▶図鑑p.120

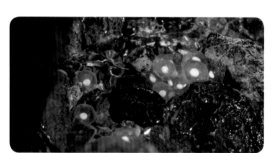

●アマミイシカワガエル

アカガエル科ニオイガエル属

3~5月
岩の割れ目や、樹木の根元などの穴で産卵する。
▶成体p.53
▶オタマジャクシp.83
▶図鑑p.116

●アマミハナサキガエル

アカガエル科ニオイガエル属

ほぼ一年中
上流~中流の河川のよどみで産卵する。
▶成体p.54
▶オタマジャクシp.83
▶図鑑p.115

●リュウキュウカジカガエル

アオガエル科カジカガエル属

4~9月
メスは少数の卵を数回にわけて産む。
▶成体p.55
▶オタマジャクシp.82
▶図鑑p.122

オットンガエルの産卵

オットンガエルは奄美大島・加計呂麻島に分布する大型のカエルで、産卵の時期になると、オスは水がしみ出てくるような沢近くの水辺の土に穴を掘り、そこにメスが産卵をする独特な繁殖生態を持つ。

産卵までの流れ

❶オスが水辺近くに幅30cmほどの浅い穴を掘る

❷穴の近くで、鳴いてメスを待つ

❸メスが来る

❹産卵完了

800~1300個の卵が
産み付けられる

卵を食べにくる生きもの

サカモトサワガニ

シリケンイモリ

カエルと同じ環境で見つかる卵① 有尾類

同じ両生類の卵のう

カエルと同じ両生類の有尾類（イモリ・サンショウウオ）も、カエルと同じような場所で産卵することも多い。また、カエル同様、卵のうが胚を包んでいるが、その形はさまざまである。

卵は一粒ずつ、水草などにはさむようにして産みつけられる

●アカハライモリ
イモリ科イモリ属
4~7月　本州・四国・九州
メスは1シーズンに数回産卵する。
▶幼生p.84
▶図鑑p.124

●シリケンイモリ
（アマミシリケンイモリ・オキナワシリケンイモリ）
イモリ科イモリ属
10~7月、特に1~3月　奄美諸島・沖縄諸島
水中だけでなく、水辺などの落ち葉でも産卵する。
▶幼生p.84
▶卵p.102
▶図鑑p.124

卵は少量ずつ、水中の水草や落ち葉などに産みつける

●イボイモリ
イモリ科イボイモリ属
1~5月　奄美諸島・沖縄諸島
幼生は雨を待って、ふ化する。
▶幼生p.84
▶卵p.102
▶図鑑p.124

水辺の落ち葉の下などに産卵する

●カスミサンショウウオ
サンショウウオ科サンショウウオ属

1~4月　九州
卵のうはバナナ型とコイル型の形がある。
▶図鑑p.125

●クロサンショウウオ
サンショウウオ科サンショウウオ属

2~7月　本州
乳白色のアケビ型の卵のうは、日本ではこの種しか見られない。
▶図鑑p.125

●トウキョウサンショウウオ
サンショウウオ科サンショウウオ属

2~4月　本州
池や沼などの止水に産卵する。
▶図鑑p.125

●トウホクサンショウウオ
サンショウウオ科サンショウウオ属

3~6月　本州
止水域に産卵するが、やや流れのある場所に産卵することもある。
▶図鑑p.125

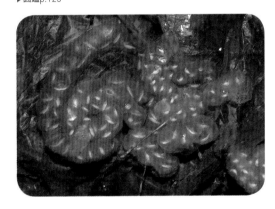

●ハクバサンショウウオ
サンショウウオ科サンショウウオ属

4月中旬~5月中旬　本州
中部地方の限られた場所でしかみられない。
▶図鑑p.125

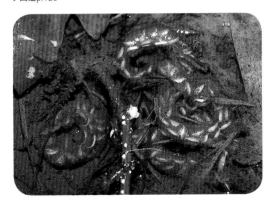

●ヒダサンショウウオ
サンショウウオ科サンショウウオ属

2月上旬~4月中旬　本州
渓流などの流水域で産卵する。
▶図鑑p.125

カエルと同じ環境で見つかる卵② その他

ここではカエルと同じような環境で見つけることができる卵などを紹介する。間違えることは少ないかもしれないが、見つけた時はじっくり観察してみるのも面白い。

卵

●カジカ（魚）の卵

カジカガエルと分布の重なる、上流の河川の石の下などで見つかる。

●ヤマナメクジの仲間の卵

山間部に分布する大型のナメクジの卵。

●アップルスネイル（ジャンボタニシ）の卵

独特のピンク色をした卵で、田んぼの水辺の草などで見つかる。外来種。

●フタスジナメクジの卵

身近なナメクジの一種で、卵は植木鉢の下などで見つかることもある。

●アワフキムシの泡

卵ではないが、幼虫が作る泡がシュレーゲルアオガエルの泡巣と間違えられることがある。

●コオイムシの卵

田んぼにいることが多い水生昆虫で、名前の通り卵を背負う。卵だけが落ちていることもある。

カエルの生態図鑑

今まで、カエルのそれぞれステージのさまざまな姿をくらべて紹介してきました。

ここでは、カエルの分布や生態などを少し詳しく解説しています。

もっとカエルのことが知りたくなったら、ぜひ読んでみてください。

カエルの生態図鑑

北海道から沖縄県まで、日本で見られるカエル54種を紹介する生態図鑑です。

図鑑の見方

●和名・分類・学名
『日本産爬虫両生類標準和名リスト（2021年4月22日版）』（日本爬虫両棲類学会）に原則従いました。

●分布
大まかな分布を示しました。実際にカエルを探すときは、分布地域のどの場所にいるのか、よく下調べしてから行きましょう。

アマミイシカワガエル
アカガエル科　ニオイガエル属
Odorrana splendida

国内希少野生動植物

【分布】
奄美大島

【生態】
渓流沿いの森林にすみ、渓流の岩場に多いが、樹上生傾向も強く、高い木のウロに隠れていることもある。繁殖期はおもに1月から3月ごろで、その年の陽気でずれ込むことも多い。渓流の岩の隙間から入り込み、奥の水場で産卵するので、普段は見ることはできないが、川の増水などで卵が流れ出てくることがある。背面は明るく鮮やかな緑色で、明るい茶色から金色の斑紋が多数入りとても美しい。

▶成体 p.53
▶オタマジャクシ p.83
▶卵 p.100

●くらべる図鑑のページ
図鑑内で、そのカエルの成体、オタマジャクシ、卵をくらべて紹介しているページです。

●生態
そのカエルの生態や、知っておきたいトピックスなどを解説しています。

●法律
特定外来生物
国内の生態系を守ることを目的として、一部の外来生物（外来種）は特定外来生物に指定されている。指定された種は、繁殖・譲渡・遺棄・無許可の移動や飼育が禁止されている。

国内野生動植物種
絶滅のおそれのある野生動植物の種の保存に関する法律（種の保存法）のなかで、「国内希少野生動植物種」に指定されたものは、許可なく捕獲・販売などができない。
※成体のみならず、オタマジャクシや卵もこれらの法律の対象となる。
※この他、県や市で天然記念物に登録されているカエルも、許可なく捕獲することは禁止されている。
　目的のカエルを見に行く際は、県や市のホームページをチェックするのが良い。

カエルの生態図鑑

アフリカツメガエル

ピパ科　ツメガエル属

Xenopus laevis

【分布】

本州の一部に移入の可能性あり

【生態】

アフリカ中南部原産のカエルで、成体になってもほぼ完全な水中生活。研究用の実験動物として世界中で飼育されており、各国で定着している。日本では千葉、和歌山、静岡、神奈川県などで目撃されていて、一部定着の可能性がある。要注意外来生物。

オオヒキガエル

ヒキガエル科　ナンベイヒキガエル属　　**特定外来生物**

Rhinella marina

【分布】

小笠原諸島、大東諸島、石垣島

【生態】

アメリカ原産の移入種で、サトウキビの害虫駆除のため台湾やサイパンなどから導入され定着。日本の在来生物への影響も懸念され、特定外来生物に指定されている。繁殖力が旺盛で、繁殖期はほぼ一年中。水田や、水たまりなど、深すぎない止水があればどこでも産卵し、石垣島ではほぼ全域で見られる。石垣島の林道では避けるのが困難なほど出現するので、轢死体をよく見るが、皮が分厚いのでカラスも食べるのに苦労する。

▶成体 p.62

ミヤコヒキガエル

ヒキガエル科　ヒキガエル属

Bufo gargarizans miyakonis

【分布】

宮古島。沖縄県北部、大東諸島に移入

【生態】

日本のヒキガエルのなかでは体長10cmくらいと最も小ぶりで、四肢が短く可愛らしい印象。体色も黄土色・黒褐色・赤茶色などさまざまでとても魅力的。繁殖期は9月から翌年3月ごろと長く、天気や気温など条件がそろうと、田んぼや用水路に多数が集まって産卵する。大東島には害虫駆除のため持ち込まれ定着。

▶成体 p.62

ナガレヒキガエル
ヒキガエル科　ヒキガエル属
Bufo torrenticola

【分布】
本州（石川、富山、福井、岐阜、和歌山、三重、奈良、滋賀、京都）
【生態】
緑がかった色や赤褐色、模様が入るものなど体色はさまざま。アズマヒキガエルと生息地が重なるが、ナガレヒキガエルは明らかに四肢が長いので見分けられる。おもに渓流にすむヒキガエルで、繁殖期以外も渓流近くで見られる。4月から5月の繁殖期には滝壺などに集結し産卵。

▶成体 p.32
▶オタマジャクシ p.75
▶卵 p.89

ニホンヒキガエル
ヒキガエル科　ヒキガエル属
Bufo japonicus japonicus

【分布】
近畿以西の本州、四国、九州。東京、宮城に移入
【生態】
西日本に住むヒキガエルで、大きさも生態も東日本にすむアズマヒキガエルと似ている。外見上では鼓膜の大きさや位置で見分けるが、個体差もありわかりにくい。ただ、ニホンヒキガエルの方が大型のものが多い印象で、エサを食いつくときの音もこちらの方が勢いがある。平地から山間部の森にすみ、繁殖期になると自分が生まれた水辺の周辺に集まり、浅瀬の止水で産卵する。

▶成体 p.33

アズマヒキガエル
ヒキガエル科　ヒキガエル属
Bufo japonicus formosus

【分布】
近畿以東の本州。北海道に移入
【生態】
おもに東日本に住むヒキガエルだが、東京ではニホンヒキガエルとの交雑が進んでいる地域もある。ニホンヒキガエル同様、平地から山間部の森にすみ、繁殖期には自分の生まれた水辺に集まって集団で産卵する。卵塊はヒモ状で細長。成体の大きな体に似合わずオタマジャクシは小さく、変態後の子ガエルも1cmほどしかない。

▶成体 p.33
▶オタマジャクシ p.75
▶卵 p.89

カエルの生態図鑑

ニホンアマガエル
アマガエル科　アマガエル属
Dryophytes japonicus

【分布】
日本全国（南限は屋久島）
【生態】
平地から低山の田んぼにすむ緑色のカエルで、春の田植え時期、田んぼに水が張られるのを待って産卵する。田んぼの中干しのころになると変態し上陸。近くの草場で生活をするようになる。雨に誘引され鳴く「あめなき」が有名で、繁殖期と重なる梅雨時の田んぼは鳴き声がかなり騒がしい。明るさや周辺環境によって、茶褐色から明るい黄緑色までさまざまに体色を変化させることができる。

▶成体 p.24
▶オタマジャクシ p.72
▶卵 p.97

ハロウエルアマガエル
アマガエル科　ヨーロッパアマガエル属
Hyla hallowellii

【分布】
沖縄本島、奄美諸島
【生態】
草地や田畑にすみ3月から5月に繁殖期を迎える。鳴き声を聞く機会も多く、数が少ないわけではなさそうだが、繁殖期以外で姿を見かけることは少ない。薄くなったり濃くなったり程度の体色の変化はあるが、アマガエルのように多彩に変化することはない。アマガエルよりも体が細くスリムなイメージ。

▶成体 p.55
▶オタマジャクシ p.82

アマミアカガエル
アカガエル科　アカガエル属
Rana kobai

【分布】
奄美大島、加計呂麻島、徳之島
【生態】
森林や川沿いに多く、多湿な環境なら畑や公園などどこでも見られ、雨の日には林道にできた水たまりにも多数出てくる。11月から翌年3月の繁殖期には、渓流の浅い止水域や林内の水たまりなどで産卵する。リュウキュウアカガエルの隠蔽種で2011年に種として独立した。リュウキュウアカガエルとは良く似ていて、見た目だけで判断するのは難しい。

▶成体 p.54
▶オタマジャクシ p.83
▶卵 p.100

エゾアカガエル
アカガエル科　アカガエル属
Rana pirica

【分布】
北海道

【生態】
アカガエルの仲間としては四肢が短くずんぐりしたイメージ。平地から山地の水辺に多く、多湿な環境なら草地などでも普通に見られる。繁殖期は平地ではゴールデンウィークぐらいで、山間部では初夏。

▶成体 p.41

タゴガエル
アカガエル科　アカガエル属
Rana taglio tagoi

【分布】
本州、四国、九州

【生態】
渓流のがれ場などに暮らすアカガエルの仲間で、4〜5月の繁殖期には岩の隙間でグゥグゥと鳴き声が聞こえてくるが、姿を見つけるのは難しい。繁殖は渓流沿いの伏流水に集まって産卵する。卵塊は岩の隙間や奥にある場合が多いので発見されにくい。オタマジャクシも岩の隙間などに隠れていて見つけにくい。

▶成体 p.37
▶オタマジャクシ p.80
▶卵 p.93

オキタゴガエル
アカガエル科　アカガエル属
Rana tagoi okiensis

【分布】
隠岐諸島

【生態】
島根県の隠岐島にすむタゴガエルの亜種で、タゴガエルとよく似ている。タゴガエル同様、渓流の伏流水などで産卵する。繁殖期は2〜3月。

▶成体 p.41

ヤクシマタゴガエル
アカガエル科　アカガエル属
Rana tagoi yakushimensis

【分布】
屋久島
【生態】
鹿児島県の屋久島にだけ生息するタゴガエル。タゴガエルの亜種で姿はよく似ている。山地の森林や渓流にすみ、個体数は多いがけっこう見つけにくい。

▶成体 p.40

チョウセンヤマアカガエル
アカガエル科　アカガエル属
Rana uenoi

【分布】
対馬
【生態】
長崎県の対馬にすむアカガエルで、体が大きくぼてっとしたイメージ。平地から山地まで見られるが、山間の田んぼに多く、平地には少ない。姿も鳴き声もヤマアカガエルとよく似ていて、ヤマアカガエルの近縁種とわかる。

▶成体 p.40

ツシマアカガエル
アカガエル科　アカガエル属
Rana tsushimensis

【分布】
対馬
【生態】
長崎県の対馬にだけすむアカガエルで、平地の森林や田んぼなどで見られる。同じ対馬にすむチョウセンアカガエルにくらべると、小さく細めなイメージ。

▶成体 p.40

ナガレタゴガエル
アカガエル科　アカガエル属
Rana sakuraii

【分布】
本州（新潟県を北限として、大阪・和歌山を除く各地に点在）

【生態】
比較的標高の高い山間部で暮らし、流水の岩陰などで産卵する。繁殖期は地域で大きく異なるが、おおよそ12月から翌年4月。冬眠から繁殖期には完全に水中で生活をするため、皮膚がたるみブヨブヨになる。

▶成体 p.37
▶オタマジャクシ p.80
▶卵 p.93

ニホンアカガエル
アカガエル科　アカガエル属
Rana japonica

【分布】
本州、四国、九州、隠岐諸島、大隈諸島。八丈島に移入

【生態】
平地の森林や田んぼに多く、低山まで見られる。12月から翌年2月に降るあたたかい雨などをきっかけに、多数が集まって産卵する。田んぼや林道の水たまりで産卵するが、雨の少ない時期なので、保水性のあまりない水たまりなどでは卵が干からびてしまうことも多々ある。

▶成体 p.36
▶オタマジャクシ p.76
▶卵 p.94

ネバタゴガエル
アカガエル科　アカガエル属
Rana neba

【分布】
長野、愛知、岐阜、静岡

【生態】
2014年に新種として記載されたばかりのタゴガエルで、長野県根羽村で発見されたことからネバタゴガエルと名付けられた。愛知、岐阜、静岡などでも発見されている。ワンワンと鳴くことでも話題になったが、鳴き声以外はほとんどタゴガエルと変わらず、見た目では区別できない。

▶成体 p.41

ヤマアカガエル
アカガエル科　アカガエル属
Rana ornativentris

【分布】
本州、四国、九州、佐渡島

【生態】
ニホンアカガエルにくらべ山地に多く、12月から翌年4月に渓流沿いの止水や田んぼなどで産卵する。ニホンアカガエルと生息地が重なる場合が多く、小さいうちは判断しにくいが、成体ではニホンアカガエルにくらべ体に幅があり、ゴツいイメージで容易に見分けがつく。

▶成体 p.36
▶オタマジャクシ p.76
▶卵 p.94

リュウキュウアカガエル
アカガエル科　アカガエル属
Rana ulma

【分布】
沖縄島、久米島

【生態】
体がほっそりしていて吻先も尖っている。鮮やかな赤褐色の個体が多く、落ち葉にまぎれると見つけにくい。平地から山地の森林にすみ、渓流沿いの湿地や浅い水たまりなどで産卵する。繁殖期は11月から翌年4月ごろ。

▶成体 p.59

ウシガエル
アカガエル科　アメリカアカガエル属　　**特定外来生物**
Lithobates catesbeianus

【分布】
北海道の南部、本州、四国、九州、南西諸島（沖縄島、久米島、伊平屋島、石垣島、西表島など）

【生態】
アメリカ原産の大きなカエルで、食用に養殖されたことから食用ガエルとも呼ばれる。人為的に放たれたものや、養殖場から逃げ出したものが定着したため、多くの地域で見られ、在来種への影響も懸念される。特定外来生物に指定されているため、生体のまま持ち運ぶことは法律で禁止されている。

▶成体 p.50
▶オタマジャクシ p.81
▶卵 p.98

ツチガエル
アカガエル科　ツチガエル属
Glandirana rugosa

【分布】
本州、四国、九州、佐渡島、大隈諸島、五島列島。北海道の一部
に移入

【生態】
河川や田んぼ、用水路などで見られるカエルで、比較的流れのある
ところを好む。背中のイボ状隆起が目立つことから、イボガエルとも
呼ばれる。カエルの皮膚は多くがヌルヌルしているが、ツチガエルは
ざらっとした感触であまりヌルヌルしていない。

▶成体 p.42
▶オタマジャクシ p.79
▶卵 p.96

サドガエル
アカガエル科　ツチガエル属
Glandirana susurra

【分布】
佐渡島

【生態】
佐渡島固有のカエルで、2012年に新種記載されたツチガエルの隠
蔽種。ツチガエルにくらべると顔も細く、体型も皮膚のなめらかさな
どもヌマガエルに似ているように感じる。腹から後肢の裏にかけて黄
色いのが特徴だが、中にはあまり黄色くない個体もいる。

▶成体 p.43

トウキョウダルマガエル
アカガエル科　トノサマガエル属
Pelophylax porosus porosus

【分布】
本州（関東平野から仙台平野、新潟、長野）

【生態】
田んぼや河川の止水域、沼地などにすみ、春から初夏に浅い止水域
で産卵する。トノサマガエルと混同されることもあるが、関東にはト
ノサマガエルは生息していない。ググゲゲッグゲゲゲッという鳴き声
も姿形も、最もカエルらしいカエルと言えるだろう。

▶成体 p.44
▶オタマジャクシ p.78
▶卵 p.97

カエルの生態図鑑

ナゴヤダルマガエル
アカガエル科　トノサマガエル属
Pelophylax porosus brevipodus

【分布】
本州（東海〜近畿、瀬戸内など）、四国（北部）

【生態】
水田にすみ、多くの地域でトノサマガエルと分布が重なるが、トノサマガエルやトウキョウダルマガエルにくらべると、小型で四肢が短くずんぐりしているので、成体であれば容易に見分けられる。

▶成体 p.44
▶オタマジャクシ p.78
▶卵 p.97

トノサマガエル
アカガエル科　トノサマガエル属
Pelophylax nigromaculatus

【分布】
本州（関東地方から仙台平野を除く）、四国、九州

【生態】
殿様の名にふさわしい風格さえ感じる大きな体で、ダルマガエルより四肢も長く、吻先も尖り、ちょっと目つきが悪いイメージ。田んぼや池などの湿地にすみ、水辺から離れることはない。長野、新潟の一部でトウキョウダルマガエルとも分布が重なる。

▶成体 p.44
▶オタマジャクシ p.78

アマミハナサキガエル
アカガエル科　ニオイガエル属
Odorrana amamiensis

【分布】
奄美大島、徳之島

【生態】
渓流沿いの森林などにすみ、個体数は多い。繁殖期は晩秋から春と長い期間行われるが、11月から翌年3月ごろがピークで、あたたかい雨など条件がそろうと、森林から渓流に向かって集まっていく様子も観察できる。産卵は渓流の淵などに数百個体集まって行われ、集まってから3日ほどに集中する。卵は岩の隙間などに産み付けられ数日でふ化し、オタマジャクシは細身の流線型で流れに適応している。

▶成体 p.54
▶オタマジャクシ p.83
▶卵 p.100

アマミイシカワガエル
アカガエル科　ニオイガエル属　　　　国内希少野生動植物
Odorrana splendida

【分布】
奄美大島

【生態】
渓流沿いの森林にすみ、渓流の岩場に多いが、樹上生傾向も強く、高い木のウロに隠れていることもある。繁殖期はおもに1月から3月ごろで、その年の陽気でずれ込むことも多い。渓流の岩の隙間から入り込み、奥の水場で産卵するので、普段は見ることはできないが、川の増水などで卵が流れ出てくることがある。背面は明るく鮮やかな緑色で、明るい茶色から金色の斑紋が多数入りとても美しい。

▶成体 p.53
▶オタマジャクシ p.83
▶卵 p.100

オオハナサキガエル
アカガエル科　ニオイガエル属
Odorrana supranarina

【分布】
石垣島、西表島

【生態】
渓流や渓流沿いの森林などにすみ、渓流の大きな岩の上、湿った森林の内で見ることが多い。同所に生息するコガタハナサキガエルよりも明らかに大きく、四肢も長いため、成体では容易に区別できる。後肢が長く筋肉質で、ジャンプ力は在来カエルナンバーワンといわれている。

▶成体 p.61

オキナワイシカワガエル
アカガエル科　ニオイガエル属　　　　国内希少野生動植物
Odorrana ishikawae

【分布】
沖縄本島北部

【生態】
渓流沿いの森林にすみ、12月から翌年3月ごろに繁殖期を迎えると、岩の隙間や岩の上でヒューと高い声で鳴く。岩の隙間などで産卵し、ふ化したオタマジャクシはスコールで増水した時などに流れ出てくるので渓流でも普通にみられる。背面は綺麗な緑色で、赤茶色から赤金色の斑紋が入る天然の迷彩色。苔むした岩の上では、周囲に溶け込んで見つけるのが困難なほど。

▶成体 p.57

コガタハナサキガエル

アカガエル科　ニオイガエル属　　　　　**国内希少野生動植物**

Odorrana utsunomiyaorum

【分布】
石垣島、西表島

【生態】
ハナサキガエルの仲間では最も小さく、四肢も短いため、ずんぐりした印象で可愛らしい。オオハナサキガエルよりも上流部の湿地や湿り気のある森林で見られる。冬季には岩の下などから声がすることがあるが、繁殖生態はよくわかっていない。

▶成体 p.61

ハナサキガエル

アカガエル科　ニオイガエル属

Odorrana narina

【分布】
沖縄本島北部

【生態】
オオハナサキガエルやアマミハナサキガエルよりは小さく、コガタハナサキよりは大きめ。渓流沿いの森林で暮らし、11月から翌年3月ごろ、あたたかい日が続いた中で重なる雨などの条件がそろうと、多数のカエルが渓流の淵などに集まり、数夜の間に集中的に産卵する。

▶成体 p.59

オットンガエル

アカガエル科　バビナ属　　　　　**国内希少野生動植物**

Babina subaspera

【分布】
奄美大島、加計呂麻島

【生態】
がっしり体系の大型ガエルで、四肢も太い。特にオスの前肢は太く、成体では前肢を見れば雌雄見分けがつく。渓流沿いや森林公園などの湿地に暮らし、森林内を走る林道でも普通に見られる。繁殖期は4月から8月とされているが、晩秋まで続くことが多い。最盛期は7月から9月。沢沿いの止水や弱い流れで産卵する。オスは砂や砂利を整え産卵用の巣を作り、メスがその気になるまで抱きつかずに待ってから抱接、産卵する。

▶成体 p.53
▶オタマジャクシ p.83
▶卵 p.101

ホルストガエル
アカガエル科　バビナ属　　　　　　　**国内希少野生動植物**
Babina holsti

【分布】
沖縄島北部、渡嘉敷島

【生態】
おもに渓流と渓流沿いの森林に暮らす大型のカエルで、森林内を走る林道でも見られる。繁殖期は4月から9月ごろで、最盛期は7月から8月。オットンガエル同様、水底の砂利や泥を整えて産卵用の巣を作り産卵する。体が大きく重たそうに見えるが意外に俊敏で、立派な後ろ足でひとっ飛びでいなくなる。

▶成体 p.57

ヤエヤマハラブチガエル
アカガエル科　ハラブチガエル属
Nidirana okinavana

【分布】
石垣島、西表島

【生態】
過去にリュウキュウアカガエルと混同されていたと聞くが、本当か？と思うぐらい体型も大きさもまるで違う。さらに石垣島と西表島にリュウキュウアカガエルは生息していないので、自然下で見間違う心配はない。おもに山地の森林内にすみ、夏から秋に沼地や地など水辺の土に穴を掘ってその中に産卵する。

▶成体 p.61

ナミエガエル
ヌマガエル科　クールガエル属　　　　　**国内希少野生動植物**
Limnonectes namiyei

【分布】
沖縄島北部

【生態】
渓流にすむカエルで、四肢が短く体はずんぐりとしたイメージ。浅い水場からひょっこり顔を出していたり、渓流の岩にいたりと水への依存は高く、あまり川から離れることはない。日本の在来カエルでは唯一水中でもエサを食べられる。繁殖は春から夏に行われ、渓流のゆるい流れの浅瀬や水たまりなどで産卵する。

▶成体 p.57

カエルの生態図鑑

サキシマヌマガエル

ヌマガエル科　ヌマガエル属
Fejervarya sakishimensis

【分布】
先島諸島全域

【生態】
沼や田んぼにすみ、先島諸島でもっともよく見るカエルで数は多い。乾季の雨の日など水を求めて道いっぱいに出てきていることもあり、その場でくるくると方向を変えるのがうまく、どの方向に飛ぶか判断がつかないので車で轢かずに走るのがとても難しい。

▶成体 p.63

ヌマガエル

ヌマガエル科　ヌマガエル属
Fejervarya kawamurai

【分布】
本州（静岡以西）、四国、九州、奄美諸島、沖縄諸島。関東に移入

【生態】
おもに温暖な地域にすむが一部関東にも移入している。平地から山地の沼や田んぼで見られ、繁殖期は5月から8月。湿地や田んぼなどの浅い水辺で産卵し、水生植物などにくっつけるように産み付けられることが多い。

▶成体 p.42
▶オタマジャクシ p.79
▶卵 p.96

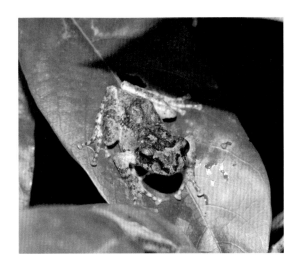

アイフィンガーガエル

アオガエル科　アイフィンガーガエル属
Kurixalus eiffingeri

【分布】
石垣島、西表島

【生態】
山地の森林内に多く木の枝や葉、草の上などでよく見かける。水の溜まった木の洞などで産卵し、母ガエルがその後エサとして無精卵を産みにくる「子育てガエル」としても有名。産卵は木の洞に限らず、環境がそろえば落ちているバケツの中など人工物でも普通に産卵し、きちんと子育てをする。

▶成体 p.63

オキナワアオガエル

アオガエル科　アオガエル属
Zhangixalus viridis

【分布】
沖縄島、久米島、伊平屋島
【生態】
平地から山地までさまざまな場所で見られ個体数も多い。吻先が尖っていて他のアオガエルよりも少し細身のイメージ。四肢の吸盤が大きくおもに樹上性だが、木の上に限らず水際の草の上や、地面のくぼみなどさまざまな場所で産卵する。卵塊はメレンゲ状。

▶成体 p.58

アマミアオガエル

アオガエル科　アオガエル属
Zhangixalus amamiensis

【分布】
奄美大島、加計呂麻島、請島、与路島、徳之島
【生態】
平地から山地の森林にすみ、池や沼などの水辺付近に多い。雨の日などは林道上にもよく姿を現す。数は多く、アカマタやガラスヒバァなどに捕食されているシーンによく出くわす。繁殖期は1月から5月ごろで、水場に張り出した樹上や、水際のくぼみ、草の根元、置き去りの風呂釜など、水辺に産卵しやすい縁があればあまり場所を選ばず、メレンゲ状の卵塊を産み付ける。

▶成体 p.55
▶オタマジャクシ p.82
▶卵 p.100

シュレーゲルアオガエル

アオガエル科　アオガエル属
Zhangixalus schlegelii

【分布】
本州、四国、九州、隠岐諸島、五島列島
【生態】
田んぼにすむ大きい方の緑のカエル。数は多いが、アマガエルと勘違いされているのか知名度は低い。アマガエルよりも体が大きく、鼻先が尖っているので容易に見分けがつく。田植え前から地面の中で鳴き始め、水が張られるとすぐに畔のくぼみや、植物の根元にメレンゲ状の卵塊を産み付ける。

▶成体 p.24
▶オタマジャクシ p.73
▶卵 p.88

モリアオガエル
アオガエル科　アオガエル属
Zhangixalus arboreus

【分布】
本州、佐渡島

【生態】
森林で暮らし、おもに水辺の樹や葉の上にいる。水辺に張り出した樹の上にメレンゲ上の卵塊を産み付けることで有名だが、あまりこだわりはないようで、ふ化した幼生が水に落ちる場所であれば低い草の上やコンクリートの護岸、倒木にでも産み付ける。希少種と思われがちだが、各地で人為的移入がすすみ、庭の人口池や置き去りの風呂釜などでの産卵例も多く、人里で増えている。

▶**成体 p.24**
▶**オタマジャクシ p.73**
▶**卵 p.88**

ヤエヤマアオガエル
アオガエル科　アオガエル属
Zhangixalus owstoni

【分布】
石垣島、西表島

【生態】
平地から山地の森林に多いが、人の暮らしに近いところでも頻繁に見られる。繁殖期は晩秋から春までと長く、その分、鳴き声もよく聞く。草むらや低い樹上にいることが多く、指先が淡いオレンジ色で体の色も明るいので、比較的見つけやすい。雨の林道上にもたくさん姿を現す。

▶**成体 p.63**

カジカガエル
アオガエル科　カジカガエル属
Buergeria buergeri

【分布】
本州、四国、九州、五島列島

【生態】
川の上流域から中流域に暮らし、口笛のような美しい鳴き声で知られる。古くから鳴き声を楽しむために飼育され、河鹿篭という飼育ケースまで作られた。繁殖期の４月から８月ごろには、岩の上で鳴くオスに別のオスが飛びつき取っ組み合うなどのなわばり争いが見られる。流れの中の岩の下の隙間に産卵し、オタマジャクシも渓流に適した流線型の体型をしており、下向きについた口で岩に張り付くようにして藻を食べる。

▶**成体 p.30**
▶**オタマジャクシ p.74**
▶**卵 p.99**

ヤエヤマカジカガエル
アオガエル科　カジカガエル属
Buergeria choui

【分布】
八重山諸島
【生態】
平地から山地まで、湿気のあるところならどこででも見られる。リュウキュウカジカガエルと同種とされていたが、2020年に新種として記載された。リュウキュウカジカガエルよりも頭部が小さく、四肢が短いとされている。

▶成体 p.64

リュウキュウカジカガエル
アオガエル科　カジカガエル属
Buergeria japonica

【分布】
奄美諸島、沖縄諸島
【生態】
平地から山地まで、少しの湿気があればどこででも見られる。春から夏の繁殖期には、農業用の用水路や、渓流沿いの浅い水場、林道上のちょっとした水たまりでも産卵する。雨の日には、濡れた道路いっぱいに出現することがあり、車で轢かずに走るのが困難。

▶成体 p.55
▶オタマジャクシ p.82
▶卵 p.100

シロアゴガエル
アオガエル科　シロアゴガエル属
Polypedates leucomystax

【分布】
奄美諸島・沖縄諸島・先島諸島の一部
【生態】
平地や山地の草地などにすみ、雨の路上や建造物の壁などでもよく見る。他のアオガエル同様、メレンゲ状の卵塊を水辺に産み付けるが、卵塊は小ぶり。東南アジアが原産の移入種。

▶成体 p.58

カエルの生態図鑑

ヒメアマガエル
ヒメアマガエル科　ヒメアマガエル属
Microhyla okinavensis

【分布】
奄美諸島、沖縄諸島
【生態】
平地から山地、人里まで広く見られ、ほぼ一年中繁殖している。水に浮かんでお尻をプリッと水面から上げて産卵する様はアマガエルに似ているが、アマガエルとは縁遠い種類。卵は小ぶりの塊で、浮遊し植物などに付着する。田んぼや路肩の水溜まり、畑の水溜め用バケツなど、どこでも産卵し、水が溜まっているところを見ると高確率で透明のおたまじゃくしが見られる。

▶**成体 p.54**
▶**オタマジャクシ p.82**

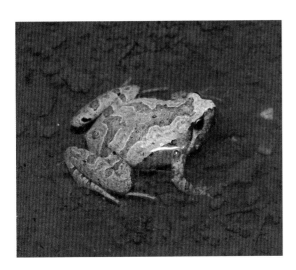

ヤエヤマヒメアマガエル
ヒメアマガエル科　ヒメアマガエル属
Microhyla kuramotoi

【分布】
先島諸島
【生態】
2020年にヒメアマガエルから分けられ新種記載された。ヒメアマガエルよりも体が大きいとされている。生活の様や繁殖生態はヒメアマガエルと変わらない。

▶**成体 p.64**

有 尾 類 図 鑑

イモリ

イボイモリ
イモリ科　イボイモリ属
Echinotriton andersoni

【分布】
奄美大島、徳之島、沖縄島、渡嘉敷島

【生態】
つや消しの黒色、ゴツゴツした体など一見爬虫類のよう。湿った森林で暮らし、水際の落ち葉の下や土の中で産卵する。怒ると尻尾を持ち上げたり、体を広げて大きく見せたりする。沖縄県と鹿児島県ではそれぞれ県の天然記念物に指定されており、採集などはできない。

▶幼生 p.84
▶卵 p.102

アカハライモリ
イモリ科　イモリ属
Cynops pyrrhogaster

【分布】
本州、四国、九州

【生態】
クレソン畑のような一年中水の途切れない水場や用水路などにすんでいて、水の張られた水田にも出てくる。触ると苔むした土のような渋い変な匂いがする。毒が強いので、鳥や蛇に食べられることは少ないようだ。触っても平気だが、すぐに手を洗ったほうが良い。

▶幼生 p.84
▶卵 p.102

アマミシリケンイモリ
イモリ科　イモリ属
Cynops ensicauda ensicauda

【分布】
奄美大島、加計呂麻島、請島、与路島

【生態】
公園の池や川の止水域、水たまりなど、水が溜まっているところならどこにでもいるのではないかと思うほどたくさんいる。アカハライモリ同様に毒性が強いので、もしも触った場合は、目をこすったりしないよう気を付けてすぐに手を洗うのが良い。

▶幼生 p.84
▶卵 p.102

オキナワシリケンイモリ
イモリ科　イモリ属
Cynops ensicauda popei

【分布】
沖縄島、渡嘉敷島

【生態】
アマミシリケンイモリにくらべ、背面が金粉をまぶしたようにキラキラしている個体が多い。池や小川、山地の水たまりなどで見られ、苔の上や水生植物の葉で卵を包むように産卵する。

▶幼生 p.84
▶卵 p.102

サンショウウオ

カスミサンショウウオ
サンショウウオ科　サンショウウオ属
Hynobius nebulosus

【分布】
九州の北部から西部
【生態】
平地から低山の森林内にすんでいて、尾が短く、ずんぐりしていてとても可愛らしいサンショウウオ。尾の背面の黄色が特徴的。以前は岐阜から九州まで広く分布する種として知られていたが、2019年に9種類に分類された。

▶卵 p.103

クロサンショウウオ
サンショウウオ科　サンショウウオ属
Hynobius nigrescens

【分布】
東北地方、関東北部など
【生態】
黒くて大きい印象のサンショウウオ。山地の池や沼などの止水域と、その周辺の森林などで見られる。卵のうはアケビのような形で、中の層が乳白色に白濁しているのが特徴。

▶卵 p.103

トウキョウサンショウウオ
サンショウウオ科　サンショウウオ属
Hynobius tokyoensis

【分布】
関東地方から福島県の一部
【生態】
体は丸みがあって、足も短いのでずんぐりした印象のサンショウウオ。おもに低山の森林内にすんでいるが、海岸地帯でも見られる。卵のうはバナナのような形で、春先に水田や水たまり湧水などの止水域で見られる。

▶卵 p.103

トウホクサンショウウオ
サンショウウオ科　サンショウウオ属
Hynobius lichenatus

【分布】
東北地方から北関東の一部
【生態】
低山の湿地帯などに暮らしていて、クロサンショウウオと混同されやすい。クロサンショウウオよりも尾が短くて、色も黒いという感じではないため、なんとか見分けられる。卵のうはバナナ形。

▶卵 p.103

ハクバサンショウウオ
サンショウウオ科　サンショウウオ属
Hynobius hidamontanus

【分布】
長野県白馬村、岐阜富山新潟など
【生態】
尾や足が短い小型のサンショウウオで、明るい灰白色の細かい斑紋が入るきれいなサンショウウオ。体が小さく尾や足も短いので、ずんぐりむっくりな可愛いイメージ。

▶卵 p.103

ヒダサンショウウオ
サンショウウオ科　サンショウウオ属
Hynobius kimurae

【分布】
関東西部、中部地方など
【生態】
紫がかった体色で、紋がほぼないものや、黄色い斑紋がたくさん入るものなどがいる。低山から山地の森林内にすんでいて、春先になると渓流の伏流水などで産卵する。他のサンショウウオ同様に、繁殖期以外で成体を見つけるのは難しい。

▶卵 p.103

さくいん

成体、オタマ（オタマジャクシ）、卵、生態図鑑でそれぞれ分けました。

松橋利光
まつはしとしみつ

1969年神奈川県生まれ。写真家。両生類や爬虫類、水辺の生物などを専門に撮影している。近著に『奄美の道で生きものみーつけた』『小さなイルカ「わたしはスナメリ」』（新日本出版社）、『ときめく図鑑 Pokke! ときめくカエル図鑑』『山溪ハンディ図鑑10 増補改定 日本のカメ・トカゲ・ヘビ』（山と溪谷社）など多数。
オフィシャルサイト http://www.matsu8.com/

撮影協力 ──────── 加々美萌・後藤貴浩・木元侑菜・清水海渡・高木雅紀
田上正隆・多田浩平・徳永浩之・藤谷武史・山田和久
体感型カエル館 KawaZoo
装幀・アートディレクション ─── 美柑和俊 [MIKAN-DESIGN]
本文デザイン ─────── 滝澤彩佳 [MIKAN-DESIGN]
編集 ──────────── 手塚海香 [山と溪谷社]

くらべてわかる カエル

2021年8月5日　初版第1刷発行

著者 ────────── 松橋利光
発行人 ───────── 川崎深雪
発行所 ───────── 株式会社 山と溪谷社
　　　　　　　　　　〒101-0051 東京都千代田区神田神保町1丁目105番
　　　　　　　　　　https://www.yamakei.co.jp/
印刷・製本 ─────── 図書印刷株式会社

◉乱丁・落丁のお問合せ先
　山と溪谷社自動応答サービス　TEL 03-6837-5018
　受付時間　10~12時、13~17時30分（土日・祝日を除く）
◉内容に関するお問合せ先
　山と溪谷社　TEL 03-6744-1900（代表）
◉書店・取次様からのお問い合せ先
　山と溪谷社受注センター　TEL 03-6744-1919　FAX 03-6744-1927